随时 / 随地 / 随心

阅读可以静心、充电、启迪智慧

聪明宝宝营养与食谱小全书（0~3岁）

刘遂谦 主编

华夏出版社

图书在版编目（CIP）数据

聪明宝宝营养与食谱小全书：0～3岁 / 刘遂谦主编.
—北京：华夏出版社，2014.10
　（MBook随身读）
　ISBN 978-7-5080-8231-8

Ⅰ．①聪… Ⅱ．①刘… Ⅲ．①婴幼儿 – 食谱
Ⅳ．①TS972.162

中国版本图书馆CIP数据核字(2014)第217630号

出品策划：华夏盛轩
网　　址：http://www.huaxiabooks.com

聪明宝宝营养与食谱小全书（0～3岁）

主　　编	刘遂谦
责任编辑	陈素然
装帧设计	尚上文化
封面图片	壹图
出版发行	华夏出版社
	（北京东直门外香河园北里4号　邮编：100028）
总 经 销	新华文轩出版传媒股份有限公司
印　　刷	三河市华业印务有限公司
开　　本	720mm×1020mm　1/32
印　　张	8.5
字　　数	137千字
版　　次	2014年10月第1版　2014年11月第1次印刷
书　　号	ISBN 978-7-5080-8231-8
定　　价	18.00元

本版图书凡印刷、装订错误，可及时向我社发行部调换

前　言

宝宝降临，新手爸妈也随之迎来了"甜蜜的负担"，乐趣无穷尽，而担心也无尽头，尤其是对于如何喂养出一个健康、聪明宝宝，实在是忐忑不安。

宝宝体质是否健康强壮，智力是否超常优异，一方面取决于先天遗传，另一方面则取决于后天调养。不一样的生长发育阶段，有着不一样的喂养方式；不一样的辅食添加，造成了不一样的成长基础。可以说，3岁前的宝宝喂养是否得当，将影响他的一生！

本书专门为宝宝和年轻父母精心准备。根据宝宝身体发育特点设计了有针对性的喂养方案，无论是食物的形态、口感以及营养搭配，均能满足宝宝小小的、娇弱的肠胃消化功能和身体发育所需，让宝宝吃得更全面，吃得更健康。

不仅如此，书中还介绍了每个时期需要注意的问题，循序渐进地培养宝宝良好的饮食习惯，让宝宝对食物产生浓厚的兴趣，合理均衡地进行营养膳食。

另外，本书所选的食谱用到的大多是在菜市场和超市都可买到的普通食材，再加上简洁明了的做法，让即使不会做饭的妈妈，"依葫芦画瓢"也能轻松搞定宝宝的一日三餐。家有难养宝宝也不用愁，专家给你支招，不用追着喂，轻松几步让宝宝爱上吃饭；即使宝宝生病了也不用怕，只要按书中所说细心护理，制作食疗营养餐，就可助宝宝迅速恢复健康。

科学喂养月月跟进，宝宝天天健康强壮。我们深信：科学的喂养，会让宝宝生长发育所需的营养取之有道；而均衡的膳食，则会全面提升宝宝的免疫力。衷心希望通过阅读本书，能让新手爸妈轻轻松松喂养出健康聪明的宝宝！

目录

第一章　0~2个月宝宝喂养

01 母乳四大益处 003
02 开奶三点注意事项 006
03 母乳喂养法 008
04 母乳不足的宝宝喂养法 011
05 防止宝宝吐奶有方法 013
06 添加鱼肝油有讲究 015

第二章　3~4个月宝宝喂养

01 莫忽视宝宝营养的补充 019
02 谨慎给宝宝吃鸡蛋 021
03 给宝宝添加辅食的原则 023

04 让宝宝爱上白开水 025

05 宝宝厌奶的应对方法 028

06 聪明宝宝营养食谱 031

第三章 5~6个月宝宝喂养

01 宝宝流食营养的搭配 037

02 宝宝饮食的四不要 039

03 婴儿米粉的选择 041

04 三招让宝宝爱上吃辅食 043

05 做辅食需用专用工具 045

06 聪明宝宝营养食谱 047

第四章 7~8个月宝宝喂养

01 给宝宝搭配半固体食品 055

02 给宝宝做泥状辅食 057

03 维生素片不能代替蔬菜 059
04 在宝宝饮食中加入水果 061
05 让宝宝自己动手吃饭 063
06 聪明宝宝营养食谱 065

第五章 9~10个月宝宝喂养

01 宝宝良好的饮食方案 073
02 宝宝食物要无盐少糖 076
03 多吃碱性食物让宝宝更聪明 078
04 在宝宝辅食中添加"硬食" 080
05 应对宝宝偏食、挑食有方法 082
06 聪明宝宝营养食谱 084

第六章 11~12个月宝宝喂养

01 培养宝宝的饮食习惯 091

02 宝宝要远离的三类食物 093

03 让宝宝彻底断奶的七个正确做法 095

04 肥胖宝宝饮食对策 097

05 消瘦宝宝饮食对策 099

06 聪明宝宝营养食谱 101

第七章 1~2岁宝宝喂养

01 宝宝食物烹调学问大 105

02 四种吃法有害身体 107

03 膳食的平衡搭配 110

04 摄取膳食纤维 112

05 应对宝宝伤食有方法 115

06 聪明宝宝营养食谱 118

第八章　2~3岁宝宝喂养

01 培养宝宝良好的进食习惯 ……127
02 宝宝不宜多吃的食物 ……130
03 科学为零食分等级 ……133
04 应对厌食宝宝有方法 ……136
05 儿童保健品不可滥用 ……138
06 聪明宝宝营养食谱 ……140

第九章　小儿成长发育及饮食搭配

01 促进宝宝大脑发育 ……148
02 增强宝宝免疫力 ……157
03 强壮宝宝骨骼 ……169
04 保护宝宝视力 ……176
05 养护宝宝肠胃 ……182
06 预防宝宝营养性贫血 ……190

第十章　小儿常见疾病及饮食调理

01 感冒 200

02 咳嗽 209

03 发烧 217

04 支气管炎 224

05 便秘 229

06 腹泻 240

07 中耳炎 251

08 肺炎 255

第一章

0~2个月宝宝喂养

怀胎十月,宝宝终于降临。这时,新手妈妈开始考虑宝宝的喂养问题。而这个时期的宝宝,摄取的营养主要源于妈妈的母乳,所以此时妈妈责任重大,切勿挑食、偏食。

0~2个月宝宝生长发育状况

智力发育	☆ 对压力、冷、热有反应
	☆ 对亮光和黑暗有反应,眼球的运动不协调,在视线范围内能注视物体
	☆ 听见声音时增加活动并凝视,对苦味和酸味表示拒绝
	☆ 下列反射存在:拥抱反射、颈部紧张反射、伸舌、吸吮、吞咽、咳嗽、打哈欠、打喷嚏、眨眼
运动能力发育	☆ 俯卧状态下微翻身,微抬头,玩自己的小手
	☆ 被抱着时,表现出特征性的姿势(如蜷曲成一团,像个小猫)
	☆ 朝着声音发出的方向转头
	☆ 做出握住玩具的动作
语言能力发育	☆ 能发出细小柔和的声音
	☆ 哭闹的特征随环境而变
	☆ 喉咙会发出意想不到的声音
	☆ 高兴时会笑
	☆ 听到讲话或被抱着时,表现安静
情感发育	☆ 不舒服时会大哭,但无眼泪
	☆ 警觉而主动,易被激怒
	☆ 寻找愉快并立即表示满意
	☆ 一天睡20小时左右,大约有3小时是深睡不醒
习惯发育	☆ 睡眠时间比较长,且已形成规律
	☆ 慢慢学会了"识别"
	☆ 能很顺畅地运动上下肢
	☆ 竖抱时已经能短暂竖起脖颈,头的转动更随意
	☆ 除了视觉有待发展,其他四觉发展很好

母乳四大益处

母乳喂养,是新手妈妈们要上的第一课。而母乳喂养对宝宝还是很有好处的。

1. **营养最全面,成分比例最合适**

母乳是一种营养最全面、质量最佳的天然食品。

母乳中含有宝宝所需的一切蛋白质、脂肪、碳水化合物、矿物质、维生素、酶以及水分等,而且各种营养成分比例也最为合适。不仅如此,母乳的营养成分和数量还会随着宝宝的成长而不断变化,以适应宝宝的成长需要。

2. **大大增强宝宝的免疫力**

母乳中含有无数天然抗体及一些免疫物质。相比药物,这些物质更能有效抑制微生物的生长,使娇弱的宝宝免受细菌和病毒的侵袭,远离呼吸道感染、肠道感染等疾病。更重要的是,母乳喂养可以降低过敏性疾病的发生率。

3. **有利于宝宝消化吸收**

母乳中的蛋白质含有2/3的乳清蛋白和1/3的酪蛋

白。乳清蛋白不但营养价值极高,进入宝宝消化道内后还能形成更小的凝块(相比牛乳),显然这样更利于宝宝消化和吸收。牛乳和其他人造婴儿食品则不能相比。

4. 有利于母子亲情的建立

哺乳过程是增进母子感情的最佳时机。看似一无所知的新生儿,其实当被妈妈爱意浓浓地抱起哺育时,就已经开始积攒对妈妈的深深依恋了。同时,哺乳过程中,婴儿和母亲有皮肤对皮肤、眼对眼的接触,满足了婴儿对温暖、安全及爱的需求。

母乳中还含有一种对宝宝大脑发育有极特别作用

的牛磺酸，还有一种宝宝智商发育必需的氨基酸。虽然这两种成分在牛乳中也含量丰富，但是跟母乳相比还是有很大区别的。据研究，这两种营养成分在母乳中的含量是牛乳的10~30倍！

温馨提示

由于母乳中含有的长链多不饱和脂肪酸对宝宝的视觉敏锐度有着促进作用，因此母乳喂养的宝宝双眼更明亮，其视敏度高于人工喂养的宝宝。

开奶三点注意事项

新手妈妈要进行母乳喂养,首先是开奶。这一步是很关键的,如果没做好,会给以后的母乳喂养埋下隐患:一是宝宝可能会拒绝母乳;二是妈妈也可能发生奶水不足或奶胀奶结的情况,严重的还会发生急性乳腺炎。

1. 妈妈心态要好

开奶是否顺利,与妈妈的心态有很大关系。新妈妈们要坚信,自己一定可以顺利地进行母乳喂养,而且乳汁的多寡根本不会受乳房的形状和大小的影响。只有抱有好的心态,开奶才能顺利进行。

2. 产后30分钟内进行开奶

自然分娩的妈妈,宝宝出生后30分钟内就可以进行开奶,也就是让宝宝吮吸自己的乳房。剖腹产的妈妈也可以在分娩后的30分钟内开奶,不过需要用吸奶器来代替宝宝的吮吸。因为剖腹产的宝宝要在观察室里观察6个小时后才能抱到妈妈身边。

宝宝的吸吮可以刺激母乳分泌,而母乳分泌可以减少妈妈产后出血,有利于妈妈子宫复原,越早对乳头进行刺激,就越有利于开奶和母乳喂养。

3. 开奶前不要给宝宝吸奶嘴

开奶前给宝宝吸奶嘴,会让宝宝产生"乳头错觉"。奶嘴吸起来比较轻松,出于"偷懒"的天性,吸过奶嘴的宝宝会不愿意再费力吮吸妈妈的乳房,从而增加开奶的困难,增加母乳喂养的难度。所以,在吮吸乳头前,千万不要给宝宝吸奶嘴。一旦宝宝产生了"乳头错觉",就不认妈妈的乳头、不肯吸奶了。

> **温馨提示**
>
> 新生儿还不会说话,通常表达自己情绪的方式就是哭闹。如果妈妈们不能很好地领会小宝宝的意愿,只是一味地哄逗,时间长了,小宝宝会产生一种不受重视的感觉,会哭闹得更凶。所以,妈妈们一定要多观察宝宝的情绪,解读宝宝的需要,按需哺乳。

母乳喂养法

开始喂母乳时,新手妈妈遭遇到一两个问题是很正常的。这时,新手妈妈千万别气馁,因为找出适合你和宝宝的方式总要花一些时间。

❀ 开始哺乳时要牢记6点

1. 哺乳需要练习

虽然哺乳是喂宝宝的自然方式,但要掌握诀窍还是需要时间不断练习的。

2. 穿着要适当

专为哺乳而制的衣服会使你觉得更舒适些——买些哺乳专用胸罩及上衣,可让你在喂哺宝宝时不必裸露全部胸部。

3. 要让宝宝觉得舒服

在开始喂宝宝前,要先帮宝宝换好尿布,同时确定宝宝够温暖。

4. 多一些遮盖

一条包毯有助于增加你在哺乳时的私密性。

5. 视宝宝的需要哺乳

哺乳次数在一天之内可能会多到8~10次甚至更多。等宝宝4个月大时，通常就可以减少到一天喂6~7次了。

6. 母乳喂养的宝宝可能不须打嗝

开始时，在每次换边喂奶以及宝宝结束吸吮时须帮宝宝拍嗝；假如宝宝没打嗝也别强迫宝宝，宝宝可能不需要。

❀ 正确的喂奶姿势

喂奶的姿势以盘腿坐着和坐在椅子上较为适合，哺

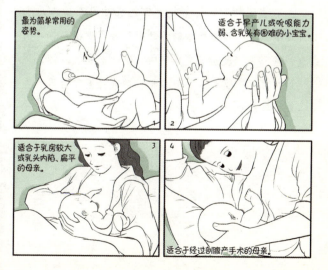

乳时，妈妈可将宝宝抱起略倾向自己，使宝宝整个身体贴近自己，用上臂托住宝宝头部，将乳头轻轻送入宝宝口中，使宝宝用口含住整个乳头，并用唇部包覆大部分或全部的乳晕。

妈妈要用食指和中指将乳头的上下两侧轻轻下压，以免乳房堵住宝宝鼻孔而影响吮吸，或因奶流过急呛着宝宝。若是奶量较大，宝宝来不及吞咽，可让其松开奶头，喘喘气再继续吃。

温馨提示

每次喂奶时，最好让宝宝把乳汁吸空；如果乳汁没有吸空，应把剩余的乳汁用吸乳器吸出。每次哺喂，注意两侧乳房要交替哺喂，这次若先喂左侧，下次就应从右侧开始，并且应把一侧乳汁吸空后再吸另一侧，这样更能保证奶水被吸空。

母乳不足的宝宝喂养法

有些妈妈因为疾病等特殊原因奶水少或一点奶水都没有,不能满足宝宝的需求而忧愁,下面几个方法对新妈妈们有所帮助。

缺乳妈妈的喂养法

一种是补授喂养。妈妈每次喂奶时,先给宝宝喂自己的母乳,有多少吃多少,然后再喂配方奶粉,补充不足的母乳量。

另一种是代授喂养。妈妈在喂奶时,采取母乳与配方奶粉交替喂养的方法,也就是说,这一次完全用母乳喂宝宝,下一次完全用配方奶粉来代替。

无乳妈妈的喂养法

1. 选择适合宝宝的配方奶粉

根据宝宝的情况选用合适的配方奶粉,如早产宝宝要选用降低维生素和脂肪等营养素比例、增加DHA等营养素比例的早产儿配方奶粉;4~6个月的宝宝选用不含淀粉、蛋白质含量适中、易消化吸收的配方奶粉；6个月~3岁的宝宝智力飞速发展，可以选用含有DHA和AA成分的配方奶粉。

2. 清楚各月龄宝宝的进奶量

宝宝每天的进奶量，在最初几周约为体重的1/5，2~4个月大时约为体重的1/6，6个月大时约为体重的1/7，7~12个月大时约为体重的1/8。

3. 逐渐摸索和掌握喂奶规律

一般来讲，宝宝在满月前，每天吃奶7~8次，2个月后每天吃奶5~7次；每次吃奶的时间以15~20分钟为宜，基本上与母乳喂养的规律相同。当然，宝宝的胃口大小因人而异，即使同一个宝宝，每顿的食欲也不完全相同，妈妈可根据宝宝的需求适量增减奶量。

温馨提示

如果是用奶瓶喂奶，则奶水的流速以奶瓶倒置时，奶水能一滴一滴连续滴出为宜。如果几秒钟才会一滴，就说明奶嘴孔太小了，宝宝吸起来会很费力。如果倒置奶瓶后奶水呈线状流出，则说明孔过大，宝宝有呛奶的危险。有时，奶瓶盖拧得太紧也会使流速变慢。

05 防止宝宝吐奶有方法

❀ 防止宝宝吐奶的4种办法

1. 正确的喂奶姿势很重要

新手妈妈们给宝宝喂奶时,一定要把宝宝抱在怀里,让宝宝的身体与水平线处于45°角左右的倾斜状态,这样胃里的奶液就会很自然地流入小肠,进而大大减少吐奶的概率。

2. 帮助宝宝拍背、打嗝

给宝宝喂完奶后,把宝宝竖直抱起靠在肩上,轻拍宝宝后背,让宝宝通过打嗝排出吃奶时吸进胃里的空

气,一般轻拍5分钟左右即可。

3. 宝宝吃完奶不宜马上仰卧

喂奶后,最好把宝宝竖抱在身上20~30分钟,不要急着把宝宝平放在床上。另外,把宝宝放在床上时,最好先让宝宝侧卧一会儿,然后再改为仰卧。

4. 掌握好每次的喂奶量

为了防止宝宝吐奶,新手妈妈们还可以采取"少量多次"的办法,就是每次喂奶量要减少到平时的一半左右,不过喂奶次数可以适当增加。

❀ 应对宝宝吐奶的方法

宝宝在吃完奶后奶水经常会从嘴角流出来,有时候还会呛进鼻子里,甚至会导致宝宝窒息。因此,将宝宝平放在床上时,最好把浴巾折叠好垫在宝宝身体下面,使其上身略抬高一些。如果宝宝躺着时发生吐奶,要马上把宝宝的脸侧向一边,以免被奶水呛着。

温馨提示

宝宝吐奶一般分为"溢奶"和"吐奶"两种情况。我们通常说的吐奶也叫"溢奶",是指宝宝在吃完奶后奶水从嘴角流出来的现象。而"吐奶"与溢奶不同,吐奶是多种原因引起的较强烈的呕吐,吐奶现象往往是偶发的。

06 添加鱼肝油有讲究

不论是母乳喂养还是人工喂养的宝宝,如果出生后没有注射过维生素D,在2~3周时就应及时添加鱼肝油,以防止佝偻病的发生。

❀ 需要补充鱼肝油的情况

母乳不足,宝宝患有慢性腹泻、肝胆疾病等,会影响其对维生素A、D的吸收;宝宝患有慢性消耗性疾病会使维生素A、D的消耗增多;宝宝缺少日照;宝宝生长过快致使维生素A、D的需求量增多等。

母乳中维生素A的含量高于牛乳。如果妈妈膳食平衡、营养充足,则乳汁中的维生素A大多能满足宝宝的需要。而维生素D在母乳和牛乳中的含量都较少,所以无论是母乳喂养还是配方奶喂养的宝宝,出生后2~3周起,须每日补充400国际单位的维生素D,连续服用2~3年,尤其是早产儿、双胞胎和因上述原因可能引起维生素A、D缺乏的宝宝,更需要额外补充维生素A、D。

补充鱼肝油并非多多益善

父母在给宝宝喂食各种婴儿配方奶及维生素强化食品时,一定要仔细查阅配方中维生素A和D的含量,应注意宝宝每日摄入的总量。无论是预防还是治疗佝偻病或夜盲症,都应正确选择鱼肝油的剂型、用量及使用期限,以防过量。

需要注意的是,虽然鱼肝油含有丰富的维生素A、D,但在治疗佝偻病或夜盲症时应分别使用单纯的维生素A或D制剂。因为治疗佝偻病需要补充大量的维生素D,而治疗夜盲症则需要补充大量的维生素A,如果选择鱼肝油则有可能导致另一种维生素过量而中毒。

温馨提示

鱼肝油很怕光,遇光后药效会降低,所以储存的最大禁忌就是光照,需避光存放。为避免遇光变质,鱼肝油最好放置在棕色瓶中并置于暗处保存。

第二章

3~4个月宝宝喂养

宝宝长到3~4个月,哺乳开始变得有规律。哺乳的次数大概为每天4~5次,哺乳量以每次120~150毫升为宜。许多宝宝也已经能够清楚地区分白天和黑夜。

3～4个月宝宝生长发育状况

运动能力发育	☆ 抱在怀里,头能稳稳地直立起
	☆ 仰卧位时,能把头抬起并和肩胛成90°
	☆ 拿东西时拇指较以前灵活
	☆ 扶立时两腿能支撑身体
语言能力发育	☆ 声音清脆悦耳
	☆ 高兴时会大声笑
	☆ 喜欢听音乐
	☆ 喜欢吸吮手指
	☆ 经常有口水流出
情感发育	☆ 喜欢父母逗他玩
	☆ 见到妈妈和喜欢的人,知道主动伸手找抱
	☆ 对周围的玩具、物品都会表现出浓厚的兴趣
睡眠	☆ 有规律的睡眠时间
感觉发育	☆ 对周围的事物有较大的兴趣
	☆ 喜欢和别人一起玩耍
	☆ 能识别自己的妈妈和面庞熟悉的人,以及经常玩的玩具
牙齿萌发	☆ 有的宝宝已长出1~2颗门牙

01 莫忽视宝宝营养的补充

这个时期的宝宝生长发育特别迅速。每个宝宝食用的奶量则会因体重和个性不同而有所差异。由于营养的好坏关系到宝宝日后的智力和体质，妈妈一定要注意饮食，以确保母乳的质和量。

❀ 以母乳为主

这个阶段还是应该以母乳喂养为主，因为此时的宝宝帮助消化的淀粉酶分泌还不足，所以不宜多喂米糊等含淀粉较多的代乳食品，这样对宝宝的消化系统不利。

❀ 母乳与配方奶交替喂养

如果妈妈的奶量比较少，随着宝宝月龄的增长，就要采用母乳与配方奶交替混合喂养的方式。需要混合喂养的宝宝，大多无法很快接受配方奶，往往哭闹不止，让不能母乳喂养的妈妈备感焦虑。在这种情况下，可根据妈妈奶量的多少，每日间隔母乳哺喂2~3次，其余几次全用配方奶喂养。这种方法也比较适合有奶而无法全天哺喂的妈妈，可以选择方便的时间喂母乳，其余时间喂配方奶。由于喂母乳的时间间隔较长，可以相应增加一次的母乳哺喂量，这样每次的喂奶量也容易掌握，基本上可做到定量哺喂。

适当补充微量元素

虽然宝宝还不大，但也不要忘了补充维生素和矿物质。妈妈可以用新鲜蔬菜煮菜水喂宝宝，但一定要注意适量。虽然维生素和矿物质是必需的，可过量的补充也会给宝宝造成负担。另外，还可用菜泥来代替菜水，锻炼宝宝的消化功能。

> **温馨提示**
>
> 这个时期千万不要忽视妈妈的营养，因为这时的母乳仍是宝宝重要的食物来源。妈妈们除了继续进补些增乳食物外，还应该吃各种蔬菜、水果等，补充多种营养成分，让宝宝通过乳汁获得更多的营养。另外，妈妈还应少吃刺激性食物，以免影响乳汁质量。

谨慎给宝宝吃鸡蛋

鸡蛋中含有蛋白质、脂肪、卵黄素、卵磷脂、维生素和铁、钙、钾等人体所需要的矿物质。其中，卵黄素和卵磷脂是婴儿期宝宝大脑发育特别需要的物质，而且只有鸡蛋里面才含有。但是，给宝宝吃鸡蛋也要注意以下几点：

1. 宝宝不宜吃蛋白

如果给宝宝添加辅食，家长可能会选择鸡蛋。鸡蛋虽小营养丰富，尤其是蛋黄。但要注意：在给半岁前的宝宝喂鸡蛋时，千万不要把蛋白喂给宝宝吃。因为蛋白比较难消化，宝宝吃了很容易消化不良，引起腹泻。而且，蛋清的蛋白质分子较小，极易通过肠壁直接进入血液，使宝宝产生蛋白过敏现象。

2. 蛋黄不宜作为辅食的首选

很多家长在给宝宝添加辅食时会选择蛋黄。他们认为蛋黄营养丰富，把蛋黄碾碎或者用水调成糊状喂给宝宝吃。虽然蛋黄营养丰富，但所含的铁元素吸收率很低，对于这个时期的宝宝来说不容易吸收，甚至会导致过敏反应。所以,最好还是给宝宝添加米糊等谷类辅食。

3. 煮鸡蛋不宜过生

煮鸡蛋的时间一般掌握在8~10分钟为宜。时间短了,煮得太生,难以消灭蛋中的细菌和寄生虫,易使宝宝产生呕吐、腹泻等不良反应。

4. 宝宝不宜吃煎鸡蛋和炸鸡蛋

在煎鸡蛋和炸鸡蛋时,油的高温会破坏鸡蛋里富含的氨基酸及维生素,使鸡蛋失去其原有的营养价值。虽然宝宝现在还没有开始接触到,但不妨从现在起就开始留意。

> **温馨提示**
>
> 炼乳不适合作为宝宝的主食。炼乳含糖量较高,很难稀释到宝宝需要的比例。调配时,炼乳与水的比例若为1:4,则相当于鲜奶的浓度,但含糖量太高;若按1:5的比例,甜度合适,但蛋白质的含量又过低,满足不了宝宝的营养需求。

03 给宝宝添加辅食的原则

宝宝从4个月后,消化器官及消化机能已经逐渐完善,而且活动量增加,消耗的热量也增多。这时,当奶量近1000毫升也不能满足宝宝需求时,就需要视情况给宝宝添加其他辅食了。

❀ 辅食的添加

蔬菜汁可以给宝宝补充维生素C和矿物质,缓解宝宝便秘的状况,米粉则可以给宝宝提供代乳品之外的蛋白质、铁、锌、维生素等,同时也可帮助宝宝逐渐适应普通食物的口味。

❀ 辅食应尽可能原汁原味

给宝宝添加辅食的时候不可以过早地添加味精和盐来调味。如果家长觉得味道太淡了,再添加一些盐,那么这个味道对宝宝而言可能就已经偏咸了,并且也不利于宝宝肾脏发育。过早地添加鸡精或味精,对宝宝的发育更是不利。

❀ 由少到多、由一种到多种

为4个月的宝宝添加辅食,要遵循由少到多、由一种到多种的原则。最好是在两次喂奶之间,每次最多不超过20毫升,每天不要超过1~2次。每次喂完辅食之后可以适当地给宝宝喂一点白开水,以清洁宝宝的口腔。

给宝宝增加米、面糊糊及蔬菜汁时,可先从每天1次、每次1~2汤匙起,待宝宝适应后可增至每天2~3次。糊糊也要由稀向稠过渡,逐步训练宝宝的吞咽能力。

尝试3~4天或1周后,如果宝宝的消化情况良好、排便正常,再让他们尝试另一种。千万不能在短时间内一下子增加好几种。这样的好处是可以观察出宝宝是否对某种食物过敏。

> **温馨提示**
>
> 辅食最忌不新鲜,因此,爸爸妈妈最好为宝宝亲自制作辅食。这样,一方面可以增进亲子感情,另一方面也可以让宝宝吃到更卫生、更健康的食品。

让宝宝爱上白开水

如今,饮料的广告铺天盖地,喝饮料的孩子越来越多,年龄也越来越小。殊不知,白开水才是孩子最好的饮品。

❀ 需要给宝宝喂水的4种特殊情况

1. 炎热的夏天,宝宝出汗比较多,而妈妈又不方便给宝宝喂奶时,适当地给宝宝喂一点白开水是十分必要的。

2. 宝宝出现吐奶、腹泻等现象时,为避免发生脱水状况,需要给宝宝喂足量的水。

3. 当宝宝生病发烧时,喂点白开水可以帮助宝宝带走体内多余的热量,有助于降温、退烧。

4. 除了纯母乳喂养的宝宝,人工喂养或混合喂养的宝宝一定要适当地喂一些白开水。宝宝过了6个月之后,也要在两餐之间适量补充水分,这不仅对宝宝的健康成长有好处,对宝宝将来断奶也十分有帮助。

❀ 适量饮水对宝宝的好处

人体对水的需求量与机体代谢和饮食结构有关。宝宝的新陈代谢比成人旺盛，需水量也就比较多。3个月以内的宝宝肾脏浓缩尿的能力差，如摄入盐分过多时，就会很快以尿的形式排出。母乳含盐量较低，但奶粉含蛋白质和盐较多，故人工喂养的宝宝需要多喝一些水，来补充代谢的需要。

❀ 让宝宝爱上白开水的方法

1. 直接诱导法

告诉宝宝，他（她）的小肚肚里有很多脏东西需要清理了，只有白开水才能做到；喝了白开水后，小肚肚就

不怕长虫子了，而且还会变得越来越漂亮。如此，宝宝就会建立起自我意识，主动喝白开水。

2. **榜样教育法**

告诉宝宝他（她）喜爱、最敬佩的那个人也喜欢喝白开水。你还可以编些关于喝白开水的故事给宝宝听，让他（她）印象深刻。

> **温馨提示**
>
> 白开水不仅最解渴，还能洗涤肠胃，清洁内脏，这有利于促进食物的消化和营养的吸收。其中尤以25℃左右的新鲜凉白开为佳。这个温度的白开水生物活性与人体细胞内分子的活性最为接近，最有利于发挥白开水的功效，可提高人体免疫力，让宝宝健康成长。

05 宝宝厌奶的应对方法

配方奶可以补充宝宝成长发育所需的钙质,于是很多父母每天都让宝宝喝配方奶,然而有时候,宝宝出现了厌食配方奶的情况,这让家长很是不解。

❀ 营养储备过剩厌奶的应对方法

宝宝忽然拒绝吃奶,可能是因为长时间摄取大量的食物,肝脏、肾脏和消化系统不堪重负,需要一段时间

的休息，以消化掉体内储存的过多营养。

妈妈可用米汤、米粉、菜汁等作为配方奶的补充。有的宝宝只要一两天的调整就可以恢复喝奶，而有的宝宝则需要经过一到两周的时间来使肝脏、肾脏和消化系统得到休整。

在宝宝恢复喝奶时期，妈妈不宜一下子喂得太多，而应慢慢增加奶量和顿数，否则宝宝可能会再次厌奶。

❀ 生理性厌奶应对的方法

到了第三个月或者是更晚一些时间，他们不再一鼓作气地吃奶，而是吃吃停停，听到周遭有声响、有人走动，就停止吃奶。

甚至有些宝宝一点儿奶都不肯吃，妈妈喂给他们的菜汁或是各种糊糊却吃得津津有味。

这种暂时的厌奶状况称为"生理性厌奶"。它的特征是宝宝发育正常、很有活力，也没有证据显示影响智能发展，只是不愿意吃奶或者吃奶量很少。

医生们普遍认为，生理性厌奶无须治疗，过一段时间就会自愈。

❀ 宝宝厌奶的对策

1. 更唤喂奶工具。
2. 将奶液晾凉一些后再喂给宝宝喝。
3. 更换奶粉品牌。

通常情况下,10~15天后,宝宝厌奶的情况就会有所好转,这时候再喂配方奶,他们就不会拒绝了。

> 温馨提示
>
> 厌奶是指3个月前后的宝宝以前一直喜欢吃配方奶,但从某一天起突然不爱吃了。这时,家长要先看宝宝还有没有其他症状,如发烧、呕吐、腹泻、精神不好等,如果还伴有以上症状,宝宝可能是因感染、消化不良等影响了食欲。这时可抱宝宝到医院检查。

聪明宝宝营养食谱

❀ 菠菜汁

【材料】菠菜30克。

【做法】

1. 菠菜在清水内泡20分钟后洗净。
2. 把菜根去掉,茎叶部分切段。
3. 锅内倒入适量水,把菠菜倒入锅内。
4. 水开后烧1分钟,然后把水倒掉,等于给菠菜焯一下水。然后再在锅内倒入少许水烧开后,把焯好水的菠菜倒入煮2分钟。
6. 煮好的菠菜和水倒入料理机,菠菜留在过滤网内,只给宝宝喝过滤后的菜汁,可酌情稀释。

【功效】

菠菜茎叶柔软滑嫩、味美色鲜,含有丰富的维生素C、胡萝卜素、蛋白质,以及铁、钙、磷等矿物质。

❀ 油菜汁

【材料】油菜100克。

【做法】

1. 将择好的油菜叶放在清水中浸泡20分钟后洗净。

2. 放入锅内,加适量清水,水开后烧1分钟,然后把水倒掉。

3. 把油菜叶切成小碎段,放入沸水中,小火煮10分钟,菜和水的比例为1∶2。

3. 用滤网将菜渣滤出,待油菜汁晾温后喂食宝宝。

【功效】

油菜的营养价值很高,其中钙、磷、钾等矿物质含量丰富,是宝宝成长的首选蔬菜。给宝宝喂食油菜汁有利于宝宝身体的发育和肌肤的水嫩,特别是能帮助宝宝上皮组织的发育。

❀ 西瓜汁

【材料】西瓜1/8个。

【做法】

1. 将西瓜切块后用压泥器压成泥状。

2. 再将泥状物放入纱布袋中,用手挤出果汁,放入奶瓶,并兑些凉白开即可。

【功效】

西瓜汁清甜可口，富含苹果酸、谷氨酸、精氨酸、葡萄糖、果糖、枸杞碱、胡萝卜素、维生素A、维生素B、维生素C和蛋白质及矿物质钙、磷、铁等。适宜6个月或以上的宝宝食用。3～4个月的宝宝可少量食用，同时需观察宝宝，若有腹泻，则需等到半岁后再添加此辅食。

❀ 胡萝卜水

【材料】 胡萝卜1根。

【做法】

1. 将洗干净的胡萝卜（去皮）切碎。
2. 将切好的胡萝卜放进开水煮5分钟，水和胡萝卜的比例大概是2:1。
3. 再盖上盖焖15分钟就可以了。

【功效】

胡萝卜汁含胡萝卜素和维生素等，可以刺激宝宝皮肤的新陈代谢，增进血液循环，从而使宝宝肤色红润，提高宝宝的食欲和对感染的抵抗力。同时，哺乳期的母亲每天喝些胡萝卜汁，分泌出的乳汁质量要比不喝这种汁的母亲高得多。

🌸 浓米汤

【材料】大米粉（小米也可）250克，清水2.5千克。

【做法】

将大米、小米取其一种，淘洗干净，放入锅内，添入水，煮成烂粥，撇取米汤饮用。

【功效】

米汤性味甘平，有益气、养阴、润燥的功能，对宝宝的健康和发育有益，有助于消化和对脂肪的吸收。

> **温馨提示**
>
> 刚开始添加辅食时最好别给宝宝喝纯果汁，无论是超市买的，还是在家榨好的果汁。因为这会增加宝宝的肠胃负担。

第三章

5~6个月宝宝喂养

宝宝长到五六个月时,会主动想要尝试一些新食物。这时,妈妈应当满足宝宝的探索欲望,给宝宝添加适当的辅食。

5～6个月宝宝生长发育状况

智力发育	☆ 触摸宝宝的皮肤会发生反应
	☆ 和亲人交往的能力增强
运动能力发育	☆ 能够翻身，能够自己转头
	☆ 能够两手同时握住玩具，拨动放置的玩具
	☆ 开始拍打视线内的玩具
	☆ 模仿能力增强
	☆ 能够俯卧抬胸
	☆ 能够贴地板爬行，独自挥动手臂
语言能力发育	☆ 听力更加灵敏，能分辨不同的声音并学着发声
	☆ 能够区分出亲人和陌生人
情感发育	☆ 会对着镜子里的人笑
	☆ 喜欢和大人玩藏猫猫等游戏
	☆ 会根据自己的需要有没有得到满足而表现出喜怒哀乐等复杂情绪
身体发育的营养需求	☆ 开始对辅助食品感兴趣
	☆ 活动量增加，对热量的要求也随之增加
	☆ 辅食的种类和数量增加

01 宝宝流食营养的搭配

当宝宝进入第5个月时,有的妈妈便开始准备给宝宝添加辅食了。这时新手妈妈要注意的是,这个时期仍应以母乳喂养为主。另外,添加辅食是一个需要宝宝长期适应的过程,不能心急,"一口不能吃成一个胖子",要根据宝宝的身体发育情况来逐步添加辅食。

❀ 从"粥"开始

最初为宝宝喂辅食,食物必须是稀软而且易于吸收的。为了不给宝宝稚嫩的肠胃增加负担,应尽量把食物做成流质的、近乎母乳的状态。像熬制的大米粥那样又稠又滑的状态是最好的。

在宝宝辅食种类的选择上没有太严格的要求,一般情况下是先从谷物开始,如米粉,米粥等,然后再加入蔬菜、蛋黄、肉等。

做粥的时候,米与水的比例大约为1∶10。煮好之后要进一步捣烂成稀糊状再喂给宝宝。如果先做成了熟米饭,那么米饭与水之比可为1∶5进行煮熬。

另外，也可以为宝宝做一些面包粥、面糊粥等。

给宝宝补充微量元素

可以用新鲜蔬菜煮菜水喂宝宝，也可以给宝宝吃一些水果类食物，但一定要注意适量。虽然维生素和矿物质是必需的，可过量的补充会给宝宝造成负担。为了补充维生素C和矿物质，除了新鲜蔬菜以外，还可用菜泥来代替菜水，锻炼宝宝的消化功能。

> **温馨提示**
>
> 给宝宝喂辅食之前一定要把手洗干净。不要因为自己的一时疏忽或者图省事，造成宝宝腹泻等不良状况，给宝宝的健康带来负面影响。

宝宝饮食的四不要

随着宝宝的逐步成长,宝宝可吃的东西越来越多,但一定要避免以下饮食错误。

1. 不要用豆奶代替配方奶粉

豆奶的确是一种很好的营养食品,但是它的营养成分还不足以满足宝宝成长的需要。而配方奶是专门针对宝宝的需要而制作的,其营养成分接近母乳,当然比豆奶更适合宝宝。当然,如果妈妈奶水充足,并且条件也允许,这个阶段还是应当坚持母乳喂养的。

2. 不要固定喂宝宝辅食的时间

初次喂辅食的时间没有什么硬性的规定,只要宝宝心情好、有食欲,同时妈妈也有空闲就可以。但要注意的是,应避免在一天里喂食过晚,以免宝宝消化不好。一旦开始喂辅食后,应尽量每天在同一时间喂辅食,以帮助宝宝养成一定的进食规律。

另外,辅食可先于母乳或配方奶喂给宝宝。也就是说,宝宝饿的时候,应该先吃辅食,再吃母乳或配方奶,这样有助于宝宝接受辅食。

3. 不要拘泥于"标准"

宝宝吃多少辅食不需要拘泥于"标准"。每个宝宝的饭量都不一样,有的宝宝从一开始就吃不了太多,这是正常的,没有必要拘泥于"平均量"和"基准指标"。归根到底,那只是参考标准,妈妈们不要盲目地将自己的宝宝与别的宝宝进行比较。只要宝宝健康活泼,体重呈递增趋势,即使吃得少一些也没有必要担心。

4. 不要强求宝宝的食欲

人总有食欲不好的时候,所以不必强求宝宝的食欲,尤其是刚刚开始添加辅食的宝宝。只要宝宝精神好,大便没有异常,一般过两三天就会恢复以前的好食欲。

> **温馨提示**
>
> 一些自己烹制的菠菜汁、胡萝卜水等,放置时间过久会产生硝酸盐及亚硝酸盐,可能导致宝宝贫血,所以一定要现吃现做。

婴儿米粉的选择

米粉基本上是宝宝添加辅食的第一选择,一般来说,米粉挑选要注意以下几点:

❀ 选择婴儿米粉的2个标准

1. 根据宝宝的月龄选择米粉

米粉并不只有一种,配料也各不相同。这是因为,婴幼儿时期,宝宝的生长发育很快,每个月所需的营养成分都会不同。而4~6个月的宝宝需要一些有利于消化的食物,比如蔬菜。那么,适合这个月龄吃的米粉就主要强化这个方面。而6个月以后,宝宝可以吃的食物越来越多,需要的营养也越来越多,这时候的米粉营养就更丰富些,味道和种类也更多。

2. 根据宝宝的需求选择米粉

为宝宝挑选米粉时,要注意看米粉外包装上营养成分表中的标注。营养成分表一般会标明米粉的热量、蛋白质、脂肪、碳水化合物等基本营养成分的含量,添加的其他营养物质也都有标明。比如碘,它有利于促进宝宝发育和智力的开发，被称为"聪明元素"，如果你的宝宝需要补充碘，那么就可以选择碘含量较高的米粉。

❀ 婴儿米粉的3个挑选方法

1. 质量好的米粉一般细致均匀无结块，有大米的色泽和香味，稍有其他添加剂的味道。以适量的温开水冲泡或煮熟后，经充分搅拌呈润滑的糊状。

2. 为宝宝挑选米粉时，应尽量选择生产规模大、产品和服务质量好的品牌企业的产品，以保证质量。

3. 查看米粉外包装上标注的厂名、厂址、生产日期、保质期等，要选择包装上标签、标识齐全的产品。

> **温馨提示**
>
> 婴儿米粉外包装标注有6个月以上婴儿食用婴儿米粉时，应配合添加辅助食品。也就是说，米粉是供母乳或婴儿配方奶粉不能满足营养需求以及宝宝断奶时食用。而供断奶期宝宝食用的米粉则标着"断奶期配方食品"或"断奶期补充食品"等字样。家长选购时要多加注意。

三招让宝宝爱上吃辅食

如果你的宝宝不肯吃辅食,千万不要强迫宝宝,更不要吓唬和威胁宝宝。下面介绍几种让宝宝爱上吃辅食的方法:

第一招:注意检查辅食

给宝宝喂辅食的时候,宝宝可能会用舌头把食物顶出来。这时妈妈们不妨检查一下:

1. 食物过热或者过凉吗?
2. 食物过稀或者过稠吗?
3. 宝宝什么时候吃的东西?
4. 宝宝肚子是太饱还是太饿,或者是饿过了劲儿?

将上述情况逐一排除之后再试着喂2~3次,如果宝宝还是拒绝吃,那就先放弃吧。

另外,需要注意的是,有时某种食物已喂过好几次了宝宝都不吃,妈妈这时候不能灰心,应该过一小会儿再试着喂一下,说不定宝宝就吃了呢!如果宝宝还是不吃,可以等几天之后再试着喂。这也是防止宝宝日后偏食应该注意的地方。

第二招：放松心情

宝宝万一不吃辅食，妈妈们也不必担心，放松心情更有利于宝宝接受辅食。如果妈妈一边喂宝宝，一边心情愉快地同宝宝不紧不慢地说着话，往往也能让宝宝心情愉快地顺利吃完食物。喂宝宝吃饭时，最好让宝宝坐在婴儿餐椅内，或妈妈自己坐好，然后搂着宝宝坐在自己的腿上吃。

第三招：掌握正确方法

在把汤匙送进宝宝嘴里的时候，妈妈要把汤匙放在宝宝舌头中部稍偏里的位置。如果宝宝把食物吐出来，妈妈可以一边哄着宝宝说"可好吃了"，一边再试一次。

如果试了几次，宝宝还是不想吃，妈妈大可不必勉强。

温馨提示

宝宝不吃某种食物并不代表宝宝挑食。这时，妈妈可以先不喂宝宝吃这种食物，隔段时间后再喂。要让宝宝吃某样食物，妈妈还可以试试变换不同的做法。在此期间，也可以喂给宝宝营养成分相似的其他辅食。

做辅食需用专用工具

这个阶段宝宝的消化系统还非常稚嫩，容易受到细菌的侵扰，准备专用的辅食制作工具是非常有必要的。并且，最开始给宝宝添加辅食时，对食物的精细程度要求非常严格，一旦疏忽则很容易导致宝宝消化不良、腹泻等。

❀ 必备的辅食工具

1. 菜板

菜板一定要常洗、常消毒。一般可以用开水烫，另外也要常拿出来进行"日光浴"。

2. 刀具

注意区分切生食和切熟食的刀具，以防细菌交叉感染。刀具用过之后的清洁工作也是必不可少的。

另外，还可备上磨泥器和计量器，这对给宝宝添加辅食也是很重要的。

❁ 辅食工具的2个选购技巧

1. 要注意选择容易清洗和消毒的用具和餐具

这些用具和餐具一般形状简单,没有隐藏细菌和脏东西的缝隙。

2. 要注意挑选辅食工具的材质

最好不要选择塑料制品,因为塑料制品一经开水烫泡就可能会变形,并且可能释放某些有毒物质;也不要选择铁、铝材料制成的金属制品,它们会增加宝宝肾脏的负担。我们的建议是不锈钢材质。

> **温馨提示**
>
> 辅食工具使用之前,一定要用沸腾的开水煮一下,这样可以避免沾染细菌。

06 聪明宝宝营养食谱

❀ 牛奶麦片粥

【材料】麦片20克,配方奶50毫升。

【做法】

1. 将水烧开,放入麦片,将麦片煮烂。

2. 将配方奶倒入锅中,烧煮片刻,并与麦片搅拌均匀。

【功效】

纯燕麦其蛋白质、纤维和维生素含量都是很高的,而且麦片还可以很好地帮宝宝消化和吸收,促进排便。

❀ 白萝卜鱼粥

【材料】鱼60克、擦碎的白萝卜2大匙,海味汤(宝宝专用)少许。

【做法】

1. 把鱼收拾干净后放热水中煮一下,除去骨、刺和皮后，放容器内研碎。

2. 将研碎的鱼肉和白萝卜一起放入锅内，再加入海味汤一起煮至糊状。

【功效】

鱼肉中含有丰富的不饱和脂肪酸、蛋白质、维生素，微量元素含量也比较高。白萝卜含有大量的糖类和多种维生素、脂肪及钙、磷、铁等矿物质，另外，还含有丰富的维生素C和锌，可以增强宝宝的免疫力，促进大脑发育。白萝卜中的酶类能分解食物中的淀粉、脂肪，使它们能完全被吸收，也能缓解宝宝因积食引起的各种不适症状。

❀ 胡萝卜奶糊

【材料】胡萝卜20克，配方奶1汤匙，米饭1小匙，水适量。

【做法】

1. 配方奶冲调好，倒入料理机中。
2. 放入胡萝卜段和米饭。
3. 打磨均匀即可。

【功效】

胡萝卜味甘性温,下气调补中焦,安五脏,增强食欲。且富含胡萝卜素,有助于增强宝宝的免疫功能。

❀ 蔬菜泥

【材料】胡萝卜,土豆,番茄,西葫芦,菠菜,配方奶。

【做法】

1. 胡萝卜(小型)2只、土豆(中型)1只,去皮切块。

2. 选用材料西葫芦(中型)半只切块、胡萝卜(小型)半只去皮切块、番茄(小型)1只在顶部划一个十字口、菠菜四五棵洗净备用。

3. 将胡萝卜、土豆放入锅中,倒高过材料约3倍的水,小火加热。

4. 水沸腾后,将番茄放入并夹出,这样番茄皮很容易去掉。去皮番茄切大块。

5. 将番茄、胡萝卜和西葫芦放入汤中,小火一直把所有材料煮软。大约需要1个小时。

6. 将菠菜放入汤锅后,打开锅盖来煮,菠菜变软后就可以关火了。

7. 汤稍微降一下温后,把汤中的固体材料连一点汤汁一起放入搅拌机中搅拌。

【功效】

为宝宝提供多种维生素和矿物质。矿物质有助于提高宝宝的消化能力,防止出现大便干燥等症状,同时也会减少肠道中的有害毒素。维生素能够促进宝宝体内蛋白质的形成,促进各种营养元素与微量元素的吸收。

❀ 南瓜泥

【材料】南瓜20克,米汤2汤匙。

【做法】

1. 将南瓜削皮,去子儿。
2. 将南瓜片放入蒸锅内,加盖大火隔水蒸10分钟。
3. 南瓜蒸熟后捣碎并过滤。
4. 将南瓜和米汤放入锅内用文火煮。

【功效】

南瓜含有淀粉、蛋白质、胡萝卜素、B族维生素、维生素C和钙、磷等成分。其营养丰富,除了做成泥、糊外,待宝宝大些还可以煮粥、煮汤等。同时,南瓜还有调理宝宝肠胃的作用。

❀ 香蕉泥

【材料】香蕉20克。

【做法】

1. 香蕉去皮。
2. 用汤匙将香蕉碾压成泥状。

【功效】

香蕉富含碳水化合物、淀粉、多种维生素和矿物质等，其中还含有水溶性纤维，能促进肠道蠕动与排便。家中的小宝宝如果肠道有问题，不妨让他（她）吃些香蕉泥，能够很好地帮助消化。但需注意的是，最好从宝宝6个月开始，再添加香蕉泥辅食。

❀ 木瓜果泥

【材料】木瓜半个。

【做法】

1. 把木瓜洗净，去皮，去子，切成小块。
2. 用汤匙轻刮果肉，把刮出的果泥直接喂给宝宝吃就可以。

【功效】

木瓜中的木瓜蛋白酶，可促进食物中蛋白质的消化吸收。现代医学发现，木瓜中含有一种酵素，能消化蛋白质，有利于人体对食物进行消化和吸收，故木瓜还有健脾消食的作用，但最好在宝宝6个月后再喂食。

❀ 苋菜水

【材料】苋菜120克。

【做法】

1. 苋菜洗净，切成段。放入锅中，加适量清水煮沸，1分钟后捞出。

2. 再在锅内放入适量清水，煮沸后，放入苋菜段，用旺火煮约5分钟。

3. 关火，焖约10分钟，倒出汤汁即可。

【功效】

苋菜内含丰富的铁、钙、维生素，对宝宝骨骼和牙齿的生长有促进作用。

第四章

7~8个月宝宝喂养

宝宝这一时期的体重增加与刚出生时相比,已渐趋平缓。此时,由于大多数宝宝都已经开始添加辅食,妈妈更应该注意对宝宝的均衡哺喂。这时,水果和蔬菜就是很好的选择。

7~8个月宝宝生长发育状况

智力发育	☆ 分析记忆力比以前强，一个物件可以唤起以前的记忆 ☆ 联想力开始增强，会因想起开心时刻而发笑 ☆ 观察力及了解力大大增加 ☆ 已知道很多事物的因果关系，被人拿走玩具会不快和尖叫 ☆ 分辨能力也开始提高，能分辨出镜中便是自己
运动能力发育	☆ 渐渐发展出直立平衡的能力 ☆ 已经较好地掌握了匍匐前行或后退移位的技能 ☆ 手指灵活度提高，可以捏起东西 ☆ 可以进行敲打和双手传递东西
语言能力发育	☆ 会发出简单的音节 ☆ 对声音开始关注 ☆ 开始喃喃自语 ☆ 常常会主动与他人搭话 ☆ 听音辨声和视觉观察能力愈来愈强
情感发育	☆ 开始学习模仿大人表情等 ☆ 对妈妈或者经常照顾他的人产生依赖 ☆ 开始认生，出现害怕、高兴、焦虑、害羞、好奇等情绪 ☆ 赞美他（她）会高兴，批评他（她）会哭泣
习惯发育	☆ 每天要睡14~15个小时，白天需要小睡2~3次，半夜短暂醒来知道如何重新入睡 ☆ 开始学习咀嚼和吞咽，由吃菜粥或烂面条，慢慢向吃软饭或其他面食过渡 ☆ 在屋里待不住了，会用小手指着门，会在妈妈怀里往门口方向使劲，会眼睛盯着到外面的门，表现出要出去的表情
牙齿的发育	☆ 门牙长出 ☆ 总是往嘴里放东西试图减轻牙痒和牙疼带来的不舒服

给宝宝搭配半固体食品

宝宝的辅食可以从液态食品过渡到稀软有形的食物了。有形食物最好是那些入口后稍加咀嚼即可吞咽的一类食物。另外，这时候可以让小宝宝多尝试并适应各种口味的食物。

❀ 辅食添加更加多样化

第一类：谷类

面包、米粥、面、薯类、通心粉、麦片粥、热点心等谷类食物是最容易为宝宝接受和消化的食物。宝宝长到7～8个月时，牙齿开始萌出，这时可给宝宝吃一些饼干、烤馒头片、烤面包片等，以促进宝宝牙齿生长。

第二类：动物性食品及豆类

鸡蛋（这个月龄的宝宝可以吃蛋黄了，若非过敏体质，也可以吃蛋白了）、鸡肉、鱼、豆腐等。

第三类：蔬菜、水果

蔬菜和水果富含宝宝生长发育所需的维生素和矿物质，对于这个阶段的宝宝，可以用鲜果泥、蔬菜泥，如苹果泥、香蕉泥、胡萝卜泥、碎菜等方式摄入其所含营养素。

第四类：油

黄油、人造乳酪、植物油掺和在粥内，还可以加些海藻类食物，如紫菜、裙带菜等。

半固体食品搭配注意事项

在给宝宝吃各种研碎的食物时，还可以给他（她）吃一些比较柔软的丁块状的食物或磨牙饼干、小馒头等。这种质地较粗糙的食物可以锻炼宝宝的咀嚼能力，对于促进宝宝的牙齿发育非常有利，但要确定这些丁块食物是否安全，要保证即使宝宝不小心吞食了一整块，也仍然能够消化。

> **温馨提示**
>
> 7个月的宝宝开始学着用手抓东西吃了，妈妈可以选择一些容易握取、纤维较少的新鲜蔬菜，煮熟后切成宝宝容易握住的片状或条状，让宝宝自己抓食。

02 给宝宝做泥状辅食

七八个月的宝宝已萌出乳牙,可以让宝宝品尝一下泥状辅食了。

❀ 泥状辅食的制作

鱼、肉、蛋、虾、猪肝均含有人体所必需的优质蛋白,而且还含有丰富的铁、锌、磷、钙等矿物质,是理想的辅食原料。其中,鱼、虾可在宝宝8个月后再添加,有过敏性疾病或过敏性家族史的宝宝则最好在1岁后再添加。

将大一些的鱼去鳞及内脏并洗净,切段后放入碗中,加入葱、姜及调味品,上锅蒸15分钟左右,然后去掉皮和鱼刺,留下的鱼肉用汤匙压成鱼泥。

剁碎去筋后的瘦肉或去壳的虾肉,加入少量黄酒、淀粉和水,上锅蒸成泥状。

蔬菜也具有丰富的营养成分。用植物油旺火急煸事先剁好的菜末制成菜泥,捣碎蒸熟的土豆或胡萝卜制成泥状,都是很好的辅食。

❁ 让宝宝接受新食物的招数

开始增加宝宝的饮食内容时,宝宝可能不会马上喜欢新食物。发生这种情况时,可将少量的新食物和正在吃的食物混合在一起。例如,将新增添的青豆加在地瓜里让宝宝习惯。假如以往吃3汤匙的地瓜,那么就在碗里放2汤匙的地瓜加上1汤匙的青豆。隔天,再增加一点青豆,减少一点地瓜。慢慢地,直到纯粹是青豆为止。这样,宝宝便会逐渐习惯新的食物味道,而且你也比较容易发现宝宝对新食物是否有过敏反应。

需要注意的是,宝宝只有在高兴或处于饥饿状态时,才容易接受新食物。所以,宝宝的新食物应选择在喂奶之前或心情高兴时喂食,要让宝宝逐渐接受各种味道。两餐内的辅食内容最好不一样,某些肉与菜的混合食物也可开始尝试添加。

> **温馨提示**
>
> 泥状辅食虽然含有丰富的营养成分,却不能提供足够的热量。所以家长们让宝宝吃一些米、面等富含碳水化合物的食品仍是必需的。

03 维生素片不能代替蔬菜

蔬菜是维生素的主要来源,从这个角度来说,蔬菜比水果更有营养。

❀ 维生素片与蔬菜

为了保证宝宝身体发育所需的营养,很多家长会选择各种维生素片,以为这样就可以代替蔬菜的营养。要知道,维生素片只能提供维生素,并不能提供人体所需的其他营养素。而蔬菜中不仅含有丰富的维生素,还含有钙、铁、锌、铜等矿物质和微量元素,这些都是宝宝生长发育不可缺少的营养物质。另外,蔬菜中还含有大量的膳食纤维,有利于促进胃肠蠕动,对预防宝宝便秘非常有效。

❀ 宝宝理想的蔬菜

地瓜和番瓜就是很多宝宝爱吃的蔬菜,它们的味道、口感和颜色都符合宝宝的胃口,两者都含有β-胡萝卜素。你也可以尝试着用日常吃的蔬菜不加调味品来喂宝宝。

❀ 给宝宝喂蔬菜汁

在宝宝吃过谷类食物后，需要试着喂蔬菜。即使是压榨的蔬菜汁，宝宝也可能会觉得味道浓烈，因为他们吃的谷类食物味道很淡。但是应当适当让宝宝喝蔬菜汁，因为这可以补充大量的维生素。开始喝蔬菜汁时，只需要在两餐中添加1~2汤匙即可，然后逐步在每餐中都喂2~3汤匙。

❀ 蔬菜的吃法

喂宝宝吃蔬菜时，应当从味道略奇怪的蔬菜种类开始，我们前面提到的胡萝卜和菠菜就是很好的选择。可能宝宝对它们的喜欢程度不及水果，但应当继续尝试。

> **温馨提示**
>
> 应少让宝宝接触市场上销售的果汁类饮品，以免他们尝过之后就不愿吃自制的水果或蔬菜辅食了。另外，这些饮料的配料中大多含有防腐剂或者添加剂，这些东西对宝宝的身体无疑是有害的。

04 在宝宝饮食中加入水果

宝宝不能多吃水果,家长不能因为宝宝爱吃就放纵,而是要根据宝宝身体的具体情况适量添加。

❁ 宝宝理想的水果

梨是宝宝的理想水果之一。梨含有多种维生素和矿物质,如维生素B_6、维生素C、叶酸、镁、钾和磷等。其口感独特、气味温和。可以将梨去皮后,直接用勺刮果肉喂宝宝吃。并且,苹果也是一种理想的水果,营养丰富,也可去皮后用勺刮果肉喂宝宝吃。

❁ 根据宝宝体质选水果

水果有寒性、温性之分。家长在给宝宝选用水果时,要注意与宝宝的体质、身体状况相宜,才能恰到好处地起作用,而不至于吃出毛病来。

水果多性寒、凉,宝宝不宜多吃。一方面,宝宝脾胃虚弱,消化吸收功能差,另一方面,为满足宝宝不断生长发育的需要,对乳食营养要求迫切,从而加重了脾胃的负担。两者相互矛盾，一旦饮食失节，可致脾胃功能紊乱，而水果大多为寒凉之品，易伤脾胃。

❀ 喂宝宝水果的吃法

喂宝宝吃水果时，可以先从香蕉开始。香蕉质地较软，口感香滑，还有淡淡的甜味，宝宝比较容易接受。另外，把苹果捣烂成泥喂给宝宝也是一种不错的选择。

餐前、餐中、餐后半个小时内都不是宝宝吃水果的最佳时间。宝宝的胃容量还比较小，如果在餐前餐中食用水果，就会占据胃的空间，影响正餐的摄入。餐后立即吃水果可以促进食物消化，可对于正在生长发育中的宝宝却并不适宜。因为水果中的一些物质与食物作用在一起，会影响宝宝对食物的吸收。

家长给宝宝吃水果的最佳时间是饭后0.5~1个小时，或者两餐之间，比如午睡醒来之后当点心吃。

温馨提示

宝宝若要吃蔬菜和水果的话，应该先喂蔬菜再喂水果。因为水果比较甜，宝宝喜欢甜味。如果先吃水果宝宝就不爱吃蔬菜了。

让宝宝自己动手吃饭

很多妈妈都觉得，7个月的宝宝还小，自己吃饭还比较有难度，浪费的比吃的要多得多，还是大人喂他们的好。宝宝们可不会这么想，他们其实很享受自己吃饭的过程。

❀ 独立第一步：宝宝学吃饭

学吃饭是宝宝走向独立的第一步。研究人员曾做过一个实验：把一对双胞胎分开喂养，一个坚持喂饭，而另一个则完全放手让其自己自由吃。自己吃饭的孩子8个月时就能自己拿着小勺喝粥了；而坚持喂饭的那个宝宝，到了上幼儿园的年龄，吃饭还是很慢。吃饭费劲成了他的一大难题，眼看着别的小朋友乐呵呵地自己吃完了饭，他却还在磨磨蹭蹭，露出嫌吃饭麻烦的表情；而另一个小孩则明显不偏食，而且还很享受吃饭的过程。

如果担心孩子弄脏了收拾起来比较麻烦，可以在桌子下铺上塑料布，并给宝宝戴好塑料围嘴。当然，大人也不能完全放任孩子，应该在一旁同吃，稍微掌握一下分寸。或者带汤水的食物由大人喂,比较干的则由宝宝自己吃。

❀ 全家人同桌吃饭的3个好处

1. 省去了研究食谱的时间,有这个时间还不如跟宝宝多玩一会儿。

2. 这样可以让宝宝从小就适应饭菜的味道,而且不会养成挑食的毛病。

3. 让宝宝从小就有一个意识,不要觉得自己是特殊的,一切都以自我为中心。

宝宝每天都和家人一起上桌吃饭,一家人其乐融融,这种家庭氛围对宝宝也是很重要的。

> **温馨提示**
>
> 未满1周岁的宝宝要少吃任何有呛咳危险的食物。例如,大块的馒头、米饭粒、果冻、葡萄、干果和硬糖果等。总之食物要足够软烂,且无调味料。

聪明宝宝营养食谱

❀ 红枣小米粥

【材料】红枣3粒,小米20克。

【做法】

1. 先将红枣用温水泡发,然后去掉枣核和枣皮。取果肉切成末后碾成泥。

2. 小米淘洗后放入锅中,加7倍的水煮开后改小火,煮至软烂。

3. 将处理好的红枣泥放在小米粥上即可。

【功效】

小米含有蛋白质、脂肪、钙、胡萝卜素和维生素B_1、B_2,红枣含维生素C,红豆的蛋白质丰富,三味互补,是一种具有较高营养价值的益智粥品。

❀ 玉米粥

【材料】玉米粉20克,鸡蛋1个,配方奶适量。

【做法】

1. 玉米粉用配方奶调成糊;鸡蛋取蛋黄,备用。

2. 锅内加适量水烧沸后,把配方奶、玉米糊倒在锅里不停地搅拌,用小火煮5分钟后,把打散的蛋液淋在粥锅里,边倒边搅,煮熟即可。

【功效】

玉米粉含丰富的钙、磷、镁、铁、硒和维生素B_1、B_2、B_6、E和胡萝卜素等,以及较多的谷氨酸,能清除体内废物,帮助脑组织里氨的排除。因此,常吃玉米可以健脑,使宝宝更聪明。

❀ 鸡肉粥

【材料】大米20克,鸡胸肉30克。

【做法】

1. 将大米洗净后,泡1个小时。

2. 把鸡胸肉煮熟后撕成细丝,并剁成肉泥。

3. 将大米放入锅内,加水慢火煮成粥。煮到大米完全熟烂后,放入鸡肉泥再煮3分钟即可。

【功效】

鸡肉中蛋白质的含量比较高,而且消化率高,很容易被宝宝吸收利用。鸡肉还含有对宝宝生长发育有重要作用的磷脂类,是膳食结构中脂肪和磷脂的重要来源之一。

❀ 三米汤

【材料】粳米50克,高粱米30克,小米20克。

【做法】

1. 高粱米洗净后浸泡1个小时,粳米、小米洗净备用。

2. 沙锅加足量水大火煮开,放入三种米熬煮,当汤浓稠时即可。

【功效】

营养丰富、易于消化、便于吸收,有补中益气、平和脏腑、养胃消积的作用。

❀ 鸡肝糊

【材料】鸡肝25克。

【调料】香油适量。

【做法】

1. 鸡肝洗净,放入沸水锅中焯至变色,捞出,再换开水焯熟。

2. 捞出鸡肝,撕去筋膜,刮取肝泥。

3. 锅中倒入清水烧开,放入鸡肝泥,煮成糊状,盛入碗中,淋上少许香油即可。

【功效】

含有丰富的蛋白质、钙、磷、铁、锌、维生素A和B族维生素等,尤其是铁质丰富,是宝宝补血最常用的食物。

蛋麦糊

【材料】速溶燕麦片60克,牛奶粉25克,鸡蛋1个。

【做法】

1. 鸡蛋磕入碗中,取蛋黄打散,放入奶粉、适量凉开水搅匀,做成蛋乳液。

2. 锅中倒入适量开水,放入速溶燕麦片煮开,倒入蛋乳液搅匀,煮3分钟左右,成糊即可。

【功效】

富含优质蛋白、氨基酸,铁、磷以及维生素A、维生素D,维生素E和B族维生素含量也相当丰富,对于促进婴幼儿生长发育、强壮体质及大脑和神经系统的发育、增强智力相当有好处。

❀ 蔬果薯蓉

【**材料**】马铃薯50克,胡萝卜30克,香蕉、木瓜、苹果、梨各10克。

【**调料**】黄油少许。

【**做法**】

1. 马铃薯和胡萝卜去皮、洗净,切成片,放入锅中,加入清水,用小火煮至熟软。

2. 捞出胡萝卜片,沥干水分,制成泥;把马铃薯沥水后,压成薯蓉,加入黄油,搅拌均匀。

3. 香蕉、木瓜、苹果、梨分别取出果肉部分,制成泥,与胡萝卜泥和薯蓉搅拌均匀即可。

【**功效**】

富含多种维生素,是宝宝补充维生素的最好选择。

❀ 彩色菜泥

【**材料**】小油菜、胡萝卜、土豆、豌豆各20克。

【**调料**】核桃油适量。

【**做法**】

1. 土豆去皮,洗净,切丝;胡萝卜洗净,切丝;豌豆洗净;小油菜洗净,用沸水焯熟,切碎。

2. 炒锅放适量水烧开,放入土豆丝、胡萝卜丝、豌豆煮熟,盛入碗中,用勺碾成泥,加入小油菜末拌匀,滴两滴核桃油即可。

【功效】

富含蛋白质、B族维生素、维生素C等,能宽肠通便,帮助机体及时排泄毒素,防止宝宝便秘。

❀ 猪肝泥

【材料】猪肝50克。

【调料】香油1克。

1. 将猪肝洗净,横剖开,去掉筋膜和脂肪,放在菜板上,用刀轻轻剁成泥状。

2. 将肝泥放入碗内,加入香油调匀,上笼蒸20~30分钟即成。

【功效】

此肝泥软烂、鲜香,含有丰富的维生素A、B_1、B_2、B_{12}等多种营养素。其中维生素A含量极为丰富,对防治婴儿维生素A缺乏所致的夜盲症,具有良好的作用。还含有大量的铁,能预防缺铁性贫血的发生。

第五章

9~10个月宝宝喂养

宝宝长到9~10个月，小小的身子已经非常"硬朗"。这时，宝宝的主要营养来源也开始逐渐从母乳和奶粉转移到辅食了。而妈妈在给宝宝做辅食时，则要更加注重营养的均衡了。

9～10个月宝宝生长发育状况

运动能力发育	☆ 能够坐得很稳
	☆ 能够灵活地前、后爬
	☆ 能扶着床栏杆站着并扶着行走
	☆ 会抱娃娃、拍娃娃，模仿成人的动作
	☆ 双手会灵活地敲积木，会把一块积木搭在另一块上或用瓶盖去盖瓶口
语言能力发育	☆ 能模仿大人的声音说话，说一些简单的词
	☆ 已经能够理解常用词语的意思，并会一些表示词义的动作
	☆ 喜欢和成人交往，并模仿成人的举动
情感发育	☆ 不愉快时会表现出很不满意的表情
	☆ 喜欢东瞧瞧、西看看，好像在探索周围的环境
习惯发育	☆ 每天要睡12～16个小时，白天需要小睡2次，夜间睡10～12小时
	☆ 食欲会较以前有所下降
牙齿的发育	☆ 出了2～4颗牙，即下前牙和上前牙
	☆ 常咬玩具，会独自吃饼干

01 宝宝良好的饮食方案

9~10个月的宝宝,乳牙已经增加,咀嚼能力更强了,消化系统也比以前更加完善,宝宝的饮食和进食习惯也有了明显的改变。

❀ 饮食习惯的固定

这时,宝宝的饮食习惯已经基本固定下来了,饮食大部分固定为早、中、晚三餐和吃两次奶。

宝宝由出生时以乳类为主,渐渐过渡到以谷类食物为主,食物的形状由稀粥过渡到稠粥,由肉泥过渡到碎肉,由菜泥过渡到碎菜。

此时,把食品制作成丁块状,对宝宝牙齿的萌出很有益,也能很好地锻炼宝宝的咀嚼能力。

❀ 母乳配合代乳食品

如果母乳充足,可以在早中晚分别喂宝宝母乳,其余时间则安排代乳食品,每天大致2次,此时的宝宝已逐渐进入离乳后期。

母乳配合代乳食品，一方面可以加强宝宝对母乳外的食物的适应性；另一方面也可以加强宝宝的营养。

❄ 辅食从全粥晋级到粥饭

9～10个月的宝宝在饮食上越来越接近大人，可以享用更多更美味的食物了。

食物的种类大大增多，如面包、面条、通心粉、薯类、蛋、肉、鱼、肝和豆腐、乳酪等；还可以特别让宝宝多吃些红、黄、绿色的四季蔬菜、水果等；另外，紫菜、海带、黄油、花生油、核桃等也可食用。

为了保持宝宝旺盛的食欲，妈妈为宝宝做三餐主食时，要注意变换花样。

为了使宝宝能够摄入足够的营养，妈妈最好在逐渐添加食物种类的前提下，保证宝宝一星期至少摄入10种以上的食物，最好能做到1个月30个品种。

附：9~10个月宝宝每日食物营养量表

食品	量	次数	可代替的食品
母乳或配方奶	700毫升左右	分4~5次	
粥或面等	2~3碗	分2~3次	软面片、麦片、土豆、红薯
油	5克		
鸡蛋	1个		鹌鹑蛋4个、酸奶100克
鱼	30克	每周2~3次	鱼肉松、鱼干
豆腐	50克		豆泥
猪肉末	30克		鸡肉、猪肉、牛肉、火腿肉
水果	50克		苹果1/4个、桃子1/4个、枇杷1个、香蕉1/4个、橘子1/4个、草莓3个
蔬菜	50克		可选胡萝卜、菠菜、圆白菜、柿子椒等

02 宝宝食物要无盐少糖

随着宝宝味觉的增长,宝宝也对食物的口味要求越来越高了。妈妈们一定要把握一个原则,那就是无盐少糖。

首先说咸味。1岁以内的宝宝,不应吃食盐,所以必须无盐少糖。

对于甜食,宝宝有种与生俱来的喜爱。总是喜欢甜甜的食物,吃不甜的食物就把小嘴撅得老高。甚至有些宝宝在喝配方奶的时候都想要甜的。于是一些年轻的父母为了满足宝宝的要求,在给宝宝冲泡奶粉时不但把奶粉冲得浓浓的,还在奶粉中加入了大量的糖。殊不知,这样做对宝宝有百害而无一益。

糖是不含钙的酸性物质,吃得过多会侵蚀牙质,影响宝宝乳牙的生长,会让宝宝的牙齿变黑。同时,食用过多的糖分还会消耗宝宝生长所需的钙,对宝宝的生长发育造成不好的影响,严重的甚至会使宝宝脑部缺血、抽筋及昏迷。

最初给宝宝制作辅食时,尽量少加糖或者不加糖。

这样,以后他们就不会要求加糖了。

温馨提示

1岁以前的宝宝味觉还不够发达,并不适合浓烈的食物味道。在给宝宝制作辅食时应尽量保持食材的原有味道,不要添加过多的调味品。

03 多吃碱性食物让宝宝更聪明

随着生活水平的提高，在人们的饮食结构中，鱼、肉、蛋、奶等动物性食物的摄入量日益增大。对于这些孩子，应该让他们多吃些碱性食物。

❀ 碱性类的食品

通常，含钾、钠、钙、镁等元素丰富的食物都为碱性食品，比如水果、蔬菜、豆制品、海带等，这些食物都属于碱性食物的范畴。

而含有磷、氯、硫、碘等元素的食品大部分都以酸性食物为主，比如肉类、谷物、油脂、酒类等。

专家建议，婴儿在日常饮食中要调整大鱼大肉等的进食量，且应相对增加一些豆制品和乳制品的进食量。

对于一些甜腻、油炸的食物都要尽量不吃，而对于一些新鲜的水果、蔬菜以及海产品等食物，则可以适量增加，这种健康的饮食习惯有益于人的智商的提高。

❀ 碱性类的水果

苹果、梨、香蕉、桃、草莓、柿子、葡萄、柑橘、柚子、柠檬等都属于碱性水果。

此月龄的宝宝已经能将水果拿在手里吃了。因此，适当给宝宝多吃一些水果，对宝宝的智力发育有着至关重要的作用。

但要注意的是，吃水果前要将宝宝的手洗干净，将水果洗净削皮并切成小块后，再让宝宝拿在手里吃。严防在宝宝嬉闹时喂食，以免宝宝直接将水果块吞下卡住喉咙而出现危险。

> **温馨提示**
>
> 3类水果入口要小心：第一种是桃，因为桃毛易引起过敏；第二种是柿子，不能空腹吃；第三种是柑橘，因为橘子中含有丰富的胡萝卜素，长期过量食用后，会使手掌、脚掌皮肤发黄，若食用过量，则应多喝水，以加速排泄。

04 在宝宝辅食中添加"硬食"

即使家长不喂硬一点的食物,宝宝自己也会到处找东西来磨牙。有些家长总是担心宝宝刚长出的牙齿受到损伤,喜欢喂给宝宝易嚼的食物,其实是小瞧了宝宝的咀嚼能力。

❀ 给宝宝添加"硬食"的必要性

1. 增强咀嚼能力,促进牙齿发育。通过给宝宝喂食有一定硬度的食品,可以增强他们的咀嚼能力,有利于牙齿的生长。例如,给宝宝喂食烤薯片、干面包等食物,就是给了他们锻炼牙齿的机会。只有在不断的练习中,宝宝的咀嚼能力才会变得越来越强。

另外,咀嚼本身就是对牙齿的一种锻炼,常咀嚼硬食不仅让宝宝的牙齿生长有序,也能帮助牙齿自洁,可降低牙周病、蛀牙、牙龈炎、牙菌斑等牙齿疾病的发生率。

2. 保护视力,促进大脑发育。宝宝咀嚼硬食时,能增强咬肌的活动,通过咀嚼动作牵动眼部肌肉及面部肌肉的运动。眼部肌肉运动时晶状体的调节机能正常进行，有助于保护视力，预防近视、弱视等眼病。而面部肌肉的运动则会对大脑产生刺激，从而加快头部血液循环，使脑细胞获得更充分的氧气和养分，有利于促进宝宝大脑发育。

如果长期不咀嚼，宝宝面部肌肉的力量就会变弱，对视力和脑力的发育都会产生不良影响。

❀ 不可盲目添加"硬食"

1. 不要一下子就给宝宝吃过硬的食物，如铁蚕豆、核桃等，这样的食物容易损伤宝宝的牙齿。

2. 家长们要根据宝宝的月龄及牙齿发育状况，适当地为宝宝选择合适的硬质食品，不要不顾宝宝的发育情况随便给宝宝添加。

> **温馨提示**
>
> 开始时，可以用布或小而软的婴儿牙刷清洁宝宝的牙齿。等宝宝有4颗牙以后，就可以帮宝宝刷牙了。这时，你可以抓着宝宝的手帮宝宝刷牙。一开始，宝宝可能会只想玩牙刷或吸牙刷而已，没关系，先让宝宝有接触牙刷的经验就行。

应对宝宝偏食、挑食有方法

喂养应从宝宝的意愿出发,耐心听取和了解宝宝喜欢吃什么。知道宝宝喜欢吃什么后,根据各种食物含的营养成分,再按照宝宝的爱好和营养需求烹制饭菜。

❀ 5个方法应对宝宝偏食挑食

1. 营造良好的就餐环境,让宝宝做到饭前洗手,就餐时体态端正。保持安静愉快的环境,避免分散宝宝的注意力而影响食欲。

2. 避免暗示。在宝宝们面前,即使是大人不喜欢吃某种食物也不要表露出来,因为成年人的饮食习惯会影响宝宝的饮食习惯。

3. 不要迁就宝宝。就餐时宝宝拒吃某种食物,家长不应责骂,也不应迁就。家长做饭,应力求做什么就让宝宝吃什么。另外,宝宝平时多吃些粗纤维的食物有好处。

4. 注重食物烹调方式。宝宝消化器官发育不够成熟,在烹制时要将肉切成丝或剁成末,蔬菜要切得细、碎。对于宝宝的饮食,还应讲究色、香、味、形。

5. 养成良好的饮食习惯。家长最好定好一日三餐该吃些什么，征求宝宝的意见。给宝宝的饮食，还应注意不要过量也不要多，这会让食物看起来更有吸引力。

❋ 5个方法纠正宝宝偏食、挑食

1. 可以先喂固体食物，然后再喝奶。
2. 控制宝宝的点心量。定好宝宝吃点心的时间和次数，然后严格按照计划执行。
3. 继续介绍新食物。如果宝宝拒吃某种食物，就等几天后再试一次。有些食物你可能需要多试几次后宝宝才肯吃。
4. 要让他（她）决定自己能吃的量。
5. 顺其自然，让宝宝自己决定要吃什么以及吃多少。别让用餐成为战争。

温馨提示

偏食、挑食等不良饮食习惯，会使宝宝身体缺乏必要的营养素，导致食物的互补作用不能正常发挥，从而严重损害、妨碍宝宝的健康及生长发育。

聪明宝宝营养食谱

❀ 南瓜粥

【材料】大米100克,南瓜300克。

【调料】植物油、葱花各适量。

【做法】

1. 大米淘洗干净;南瓜洗净刮皮去瓤,切成小块。

2. 锅置火上,放入植物油烧至七成热,下葱花炝锅,炒出香味后,放入南瓜块,煸炒1~2分钟后盛出。

3. 锅上火,放水烧开,下大米、南瓜块,旺火煮开后,改用小火熬煮约50分钟,至米粒开花、南瓜块酥烂、汤汁浓稠即可。

【功效】

南瓜营养丰富,尤其富含锌,而且能解毒、有利消化,还能促进人体生长发育,是适合宝宝的食物。

❀ 柠檬粟米粥

【材料】粟米100克,柠檬1个,红枣6枚。

【做法】

1. 柠檬洗净,切成小丁;红枣去核,洗净。

2. 粟米淘洗干净,放锅内,加适量清水烧开,用小火熬至米粒开花,加上红枣、柠檬丁,煮至熟烂即可。

【功效】

含淀粉、脂肪、B族维生素及钙、磷、铁等,可健脾开胃,促进消化,适合宝宝食用。

❀ 山药桂圆粥

【材料】山药,桂圆3~5枚,大米少量。

【做法】

1. 将山药洗净去皮,切成薄片先用清水浸泡半天。

2. 加大米少量煮成稀粥,再放桂圆肉3~5枚用小火煮。

【功效】

山药含淀粉、糖类、蛋白质、多种维生素、精氨酸与多种矿物质,是宝宝补中益气、健脾和胃的良药佳肴。

❀ 土豆泥

【材料】土豆2个，猪肉少许。

【调料】植物油适量。

【做法】

1. 土豆削皮切成小块，猪肉洗净切成小丁。

2. 锅里放油，等油五成热的时候，把切好的土豆块和肉丁放到里面翻炒，并放适量清水。

3. 大约10分钟后，把软了的土豆块捻成泥状，然后再接着炖，炖到烂烂的时候就可以出锅了。

【功效】

土豆营养丰富，容易消化，可补充钾、铁等营养素，并能预防宝宝便秘。

❀ 鲜橘汁

【材料】鲜橘子60克。

【做法】

1. 鲜橘子去皮，用榨汁机榨出汁液。

2. 在橘子汁中加入适量温开水即可。

【功效】

鲜橘汁内含有丰富的维生素C，是促进宝宝皮肤细胞生长的主要营养素，适量饮用还能促进消化、清肠通便。

❀ 鳕鱼蛋羹

【材料】蛋黄1个，鳕鱼肉20克，扁豆8克，胡萝卜5克。

【调料】水淀粉少许。

【做法】

1. 鳕鱼肉、扁豆和胡萝卜分别洗净，均切成碎丁备用。
2. 取一个碗，放入蛋黄打散，加水搅拌均匀。
3. 将蛋液放入蒸锅中，用旺火蒸约10分钟，制成蛋羹。
4. 另起锅，倒入清水，放入扁豆丁、鳕鱼肉丁、胡萝卜丁煮熟后，用水淀粉勾芡，浇在蛋羹上即可。

【功效】

蛋羹能比较好地保存鸡蛋的营养素，而且非常有利于宝宝的消化吸收；鳕鱼肉质细嫩，口感鲜滑；再配以胡萝卜和扁豆，可使宝宝获取丰富的蛋白质、微量元素及维生素A、维生素D和胡萝卜素等。

❀ 鸡肉烩南瓜

【材料】鸡肉25克,南瓜50克,玉米淀粉1大匙。

【做法】

1. 鸡肉洗净,切碎放入碗中备用。

2. 南瓜洗净,去皮后切成小丁。

3. 锅中倒入清水,放入鸡肉、南瓜,用小火煮至微软,最后慢慢撒入玉米淀粉,勾芡至稍微浓稠即可。

【功效】

富含多糖、氨基酸、活性蛋白、类胡萝卜素及多种微量元素等,能有效提高宝宝机体的免疫功能,促进骨骼发育。

第六章

11~12个月宝宝喂养

短短几个月，宝宝学会了微笑、抬头、坐、爬、伸手抓东西，有的宝宝甚至学会了走路。这时，父母要为宝宝提供均衡的营养，让宝宝建立科学的饮食习惯。

11～12个月宝宝生长发育状况

智力发育	☆ 懂得物的永恒性
	☆ 记忆力明显增强
	☆ 已经懂得和别人分享
	☆ 有很强的占有欲
运动能力发育	☆ 已经能够很熟练地爬行，甚至可以站立一会儿，或者走一两步
	☆ 能稳坐较长时间
	☆ 拇指和食指能协调地拿起小的东西。会招手、摆手等动作
语言能力发育	☆ 已经可以开口叫爸爸、妈妈，可以说简单的一两个字。开始尝试组合音节
	☆ 能听懂的话越来越多
	☆ 会模仿别人的声音
情感发育	☆ 会模仿大人的动作、表情
	☆ 依恋性增强
	☆ 懂得交朋友
	☆ 学会了礼貌动作或语言
	☆ 对父亲比较依赖
习惯发育	☆ 不愿意单独吃饭，开始要上桌和大人一起吃饭
	☆ 随着断奶，宝宝可以吃的食物类型和其他家庭成员变得一样了，一日三餐的饮食模式形成
	☆ 会蹬掉鞋袜，喜欢光脚

01 培养宝宝的饮食习惯

11～12个月的宝宝已经到了可以断奶的年龄，之前几个月的辅食添加也基本上满足了宝宝的营养需求，宝宝已逐渐适应了母乳之外的其他食物。这时，爸爸妈妈就要开始培养宝宝良好的饮食习惯了。

❀ 奶类食品不能中断

这个时期，母乳喂养还没有完全中断，但是在给宝宝的喂养量和次数上开始逐渐减少了。除了母乳，优质的配方奶是最适合宝宝发育需求的母乳替代品。

❀ 辅食添加多元化

宝宝出生后4～6个月，爸爸妈妈就开始为宝宝添加母乳以外的食物了，也就是辅食。当宝宝长到11～12个月时，各种非乳类食物的每日摄入量已经比过去增加了很多：谷类50～100克，蔬菜25～50克，水果25～50克，蛋黄15克或鸡蛋50克，鱼、禽、畜肉25～50克，油脂5～10克。

❀ 培养良好的饮食习惯

进食不仅能满足宝宝生长发育的需要,更能满足宝宝心理发育甚至社交能力发展的需要。给宝宝一些可以用手抓的食物,让宝宝学着自己吃。渐渐地,让宝宝习惯坐在餐桌前,与家人共同进餐。这样一方面可以提高宝宝吃饭的兴趣,另一方面也可以让宝宝适应成人进餐的环境和规律。

❀ 食物在烹调前一定要洗净

虽然宝宝已经长大,而且变得非常壮实了,但是饮食卫生的问题无论何时都不能忽略。蔬菜、水果表面可能会有农药残留,一定要先在水中浸泡几分钟,然后洗净。炊具要保持干净卫生。在为宝宝烹制食物的过程中,也一定要注意避免污染。变质、腐烂的食物一定不要让宝宝食用。

温馨提示

宝宝偏食可能会导致便秘、消化不良、消瘦、抵抗力下降等。因此,爸爸妈妈要注意培养宝宝吃各种食物。

宝宝要远离的三类食物

虽然宝宝已经渐近1周岁,但是过去几个月不能吃的辛辣食物、浓烈的调味料、含咖啡因的饮料等,仍然要继续向宝宝紧闭大门。

1. 远离刺激性太强的食物

姜、蒜、咖喱粉及香辣味较重的食品不宜喂给宝宝。如果让宝宝与大人同在一个桌子上吃菜,则需要在烹调时尽量少加入这些调味品,让宝宝有个逐步适应的过程。同时,也可以预防宝宝吃过一次之后,由于味道不好导致长大后仍然拒绝此类食物。

2. 远离熟食制品

一般熟食制品(如火腿肠、袋装烤鸡等)中会加入一定量的防腐剂和色素,并且因为长期存放容易滋生细菌以致腐烂变质,所以不宜给宝宝吃。还有一些罐头食品、凉拌菜等,也最好不要给宝宝吃。

3. 不宜多喂副食

可以给宝宝喂少量的水果、饼干等副食,如果宝宝食欲不振,则不必强迫他(她)吃。有许多宝宝不吃点心照样生长得很好。

如果宝宝只吃点心等零食，却不喜欢吃主食就不好了。特别是一些甜味点心，宝宝吃过后往往容易不再喜欢吃主食。

所以，点心宜在两餐之间为宝宝添加，不要养成宝宝只吃点心不吃主食的习惯，这样容易造成宝宝肥胖或者营养不良。

> **温馨提示**
>
> 良好的营养能促进宝宝生长发育，但并不是营养越多越好，过度营养可能引发多种疾病。某些营养摄取过多还可能导致中毒。例如，高热量食物吃得过多，身体消耗不了的热能就会转变为脂肪储存留在宝宝体内，容易引起过度肥胖甚至心血管疾病。

03 让宝宝彻底断奶的七个正确做法

随着宝宝一天天长大,断奶就不可避免地被提上了日程。那么,如何才能让宝宝顺利断奶呢?

1. 将断奶视为一个自然过程

父母首先应按计划正常喂养宝宝,当宝宝对母乳以外的食物流露出浓厚兴趣时,要及时鼓励和强化,按照由少到多、由稀到稠的原则让宝宝尝试新口味,引导宝宝喜欢上辅食。

2. 根据宝宝身体状况决定是否断奶

妈妈在决定给宝宝断奶前,一定要先带宝宝到保健医生那里做一次全面详细的体格检查,确保宝宝身体状况良好、消化功能正常,才能给他(她)断奶。

3. 逐渐减少喂奶次数

刚刚减奶的时候,宝宝对妈妈的乳汁会非常依恋,因此,减奶时最好先从减少白天喂母乳的次数开始。然后,再逐渐过渡到减少夜间喂奶次数,直至过渡到完全断奶。

4. 不在宝宝生病时断奶

如果恰逢宝宝生病、出牙，或是换保姆、搬家、旅行及妈妈要去上班等事情发生，最好先不要断奶。

5. 断奶过程要果断，不拖延

在断奶的过程中，妈妈既要让宝宝逐步适应饮食的改变，又要态度果断坚决。

6. 不让宝宝抚触乳头

断奶时，不要让宝宝看到或触摸母亲的乳头。当宝宝看到其他宝宝吃奶时，要告诉宝宝："你长大了，小宝宝吃妈妈奶，你不吃了。"

7. 断奶期间不回避

在断奶期间，妈妈不应回避，否则会给宝宝带来心理上的痛苦。在这期间，妈妈反而要对宝宝格外关心和照料，花费更多的时间和精力陪伴宝宝。同时可增加爸爸照料宝宝的时间，给宝宝一个心理上的适应过程，关键是要让宝宝有安全感、信任感。

> **温馨提示**
>
> 断母乳后，要及时用配方奶替代。另外，如果母乳充足，且不影响固体食物的摄入量，可继续母乳喂养。

肥胖宝宝饮食对策

宝宝能健康地成长，是每对父母的心愿。但如果提供给宝宝过多的食物，则可能会导致宝宝肥胖。

1. 咨询营养师

由于宝宝正值身体发育关键期，需要适量的蛋白质、钙质、维生素、矿物质和热量的供应。宝宝的肥胖可能是多种因素导致的。因此，给宝宝减肥前最好咨询一下营养师，千万不要擅自减肥，以免营养摄取不平衡，影响宝宝生长发育。

爸爸、妈妈可以在进行饮食治疗之前，记录下宝宝近一周的饮食情况，供营养师参考。

2. 吃饭要定时定量

宝宝每天吃饭的时间要争取相对稳定一些，进食量也要相对稳定。早餐一定要吃好、吃饱，并摄入一定的新鲜果蔬，食入的总热量应为一天的30%。同时适度减少晚餐的进食量。如果宝宝睡前有饥饿感，可让其喝一杯鲜牛奶，这样既不会加重肠胃的负担又有助于宝宝的睡眠。

3. 拒绝高热量食物

热量高意味着就要长肉肉了,因此像糖果、糕点、巧克力等高热量食物,应该让宝宝少吃或者不吃。另外,肥肉脂肪含量多、热量高,也要少吃,应尽量让宝宝食用羊肉、鱼肉、鸡肉等脂肪较少的肉类。

4. 科学合理安排加餐

宝宝正处在身体发育的重要时期,每天需要摄入很多的营养才能健康成长。但宝宝胃口小,因而每天大约需要吃5餐才能保证各种营养素的充分吸收。

加餐食物要区别于正餐的食物。家长可给宝宝准备一些不需要削皮、切块,而且方便拿取的水果、蔬菜,如香蕉、苹果、桃、番茄等。蔬菜和水果不仅热量少,而且能增加食物容量,所含的各种营养素也不可小视。

> **温馨提示**
>
> 儿童标准体重计算公式:1~6个月宝宝的标准体重=出生体重(千克)+月龄×0.6;7~12个月的=出生体重(千克)+月龄×0.5;1岁以上的=年龄×2+8。如果宝宝超过标准体重的10%,就算超重了;如果超过标准体重的20%,就说明宝宝需要减肥了。

消瘦宝宝饮食对策

每个当妈妈的都想让宝宝吃好、吃饱、吃得健康，如果感觉自己的宝宝比别的宝宝瘦，就会非常担心，想方设法给宝宝补充各种营养。

家有瘦宝宝的父母，需要定期给宝宝做体检。在宝宝显得疲倦、体重下降或者体重增长不正常的时候，体检就显得尤其重要了。消瘦、体重不见增长、持续疲劳都可能是心理问题的征兆，也可能是生理疾病的症状。如果宝宝感到紧张或者精神沮丧，家长应该尽早带宝宝到儿童医院检查一下，或者求助于相关的咨询机构。

有些瘦宝宝属于少吃多餐的类型。对于他们来说，正餐之间来点加餐是很有好处的。但是，不停地吃零食并没有什么好处。你可以在早餐和午餐以后，还有睡觉之前，分别给宝宝加一顿有营养的快餐。但是千万不要因为宝宝瘦就给宝宝吃高热量、低营养的垃圾食物，也不要把这种食物当做奖赏，最好给他们吃有营养价值的东西。

有些健康的宝宝虽然胃口很大，可就是胖不起来，这可能是他们与生俱来的特点。很多这样的宝宝都更喜欢吃低热量的食物,比如蔬菜和水果等,而不爱吃油腻的食物。如果你的宝宝从小就很瘦,但是看起来没有任何问题,而且体重每年都正常增加,生长曲线趋势正常,那你就可以放心了,因为宝宝的先天体质就是那样。

温馨提示

早餐既要让宝宝吃饱,又要让宝宝吃好。早餐最好让宝宝吃些富含蛋白质和碳水化合物的食物,如鸡蛋、牛奶、豆浆等。若条件许可,最好再配些蔬菜、水果以补充维生素。这种营养丰富的早餐十分有利于宝宝的健康。

06 聪明宝宝营养食谱

❀ 水果麦片粥

【材料】麦片120克,牛奶60克,水果50克。

【做法】

1. 麦片用清水泡软;水果洗净,去皮、子,切碎。

2. 锅内倒入适量清水,放入麦片煮沸,加入牛奶,继续煮约5分钟。

3. 当麦片熟烂时,加入切碎的水果,煮约3分钟即可。

【功效】

此粥中不但含有蛋白质、碳水化合物、矿物质,还含有维生素A、维生素B_1、维生素B_2、维生素C等多种营养,而且粥味香甜,特别适合断奶后发育期的宝宝食用。

❀ 木瓜麦奶粥

【材料】木瓜50克,燕麦片30克,牛奶50克。

【做法】

1. 将木瓜去皮、去瓤,切

成丁。

2. 锅中倒入适量清水,放入燕麦片用旺火烧开,转入小火,熬至燕麦片膨胀。

3. 加入木瓜丁稍煮片刻,最后倒入牛奶加热2分钟即可。

【功效】

木瓜酵素能清心润肺,还可以帮助消化、治胃病;燕麦中含有丰富的维生素B_1、维生素B_2、维生素E、叶酸及钙、磷、铁、锌、锰等矿物质,都是维持宝宝生长发育的重要营养元素。

第七章

1~2岁宝宝喂养

1~2岁的宝宝正处于迅速成长的阶段,精力相当旺盛,体力脑力消耗也相应增加,需要充足的营养来帮助身体发育。所以,在这个时期,父母要确保宝宝能够摄取充足和均衡的营养。

1~2岁宝宝生长发育状况

智力发育	☆ 能从1数到10
	☆ 宝宝的求知欲望和学习能力越来越强
	☆ 喜欢简单的故事、节奏和歌曲
	☆ 喜欢学习如何使用常用的习惯用语
运动能力发育	☆ 能够跑,会双脚跳、独脚站立
	☆ 会模仿画圆和直线
	☆ 会翻书,会将手中的物品朝某个目标扔去
	☆ 会扭动门的把手将门打开
语言能力发育	☆ 宝宝已经能用200~300个字组成不同的语句
	☆ 喜欢同周围的人交谈,说话速度很快
	☆ 掌握了基本的语法结构,句子中有主语、谓语,熟悉宝宝的爸爸、妈妈基本上可以听懂他(她)在讲什么
情感发育	☆ 在陌生人面前表现得很害羞
	☆ 容易受到挫折
	☆ 会很大方地把玩具给别的宝宝玩,但要他们归还
	☆ 会经常性地发脾气,通常是因为他(她)有想法却无法表达出来
习惯发育	☆ 学会自己用筷子吃饭
	☆ 养成饭前便后洗手的习惯
	☆ 养成自己的事情自己做的习惯

01 宝宝食物烹调学问大

1~2岁正是宝宝长身体的黄金阶段。这时,不但宝宝食物的选择很重要,宝宝食物的烹调方法也很重要。

❀ 色香味俱全,多变换花样

色、香、味俱全的食物通过感官将视觉、嗅觉、味觉等信息传到宝宝大脑中的食物神经中枢,可增强宝宝进食的兴趣。需要提醒家长的是,变换食物花样要注意季节,如夏季要注意味道清淡凉爽,冬季要做好食物的保温工作,这也能提高宝宝的进食兴趣。

❀ 减少烹调中的水溶性

尽量选购新鲜蔬菜,先洗后切,现切现炒。急火快炒比水煮对水溶性维生素的保存率高。

大米的胚芽中含维生素B_1多,淘米时不宜用力搓。若吃捞饭,别倒掉米汤,米汤里的维生素并不少。煮豆粥不要加碱。加碱虽然豆子烂得快,但碱会破坏水溶性维生素,得不偿失。

❀ 宝宝喝汤有讲究

另外，父母还可以为宝宝做些营养丰富的汤。

需要注意的是，虽然汤既富于营养又易于消化，但是汤汁能在小肠中均匀分散，促进人体对营养物质的消化、吸收，所以喝汤有致胖的可能。因此，汤料要选择低脂肪、低热量的食材。

> **温馨提示**
>
> 对于体重超标的肥胖儿，家长应引导孩子减慢喝汤速度，适当延长喝汤的时间，以提前产生饱腹感，避免摄入过多的热量。

四种吃法有害身体

宝宝1岁之后,能接受的食物越来越多了,但其咀嚼、消化系统仍未发育完善,饮食上仍需注意。

1. **宝宝不宜多吃精细食物**

给宝宝吃的食物,既不要过于精细,也不要太过粗糙,应两者兼顾。

精细食物的营养成分丢失太多,精细度越高,丢失的营养往往越多。另外,精细食物往往纤维素含量很少,不利于肠胃蠕动,容易引起便秘。

我们在提倡宝宝少吃精细食品的同时,并不是说宝宝只能吃粗粮。给宝宝少吃一些精细食物并不是让宝宝完全不吃精细食物,只是不要过量就行。

2. **点心不宜吃过多**

家长应当限制宝宝吃点心的数量和品种,一次不能吃得过多。

如果宝宝食欲不佳,饭量较小,则应该给他们吃一些加餐。可以选择在两餐之间让宝宝吃一些点心,以补充营养。

但是,点心的品种很多,营养价值也不同,太甜的点心容易使宝宝伤食,对牙齿也不利。因此,如果选择点心为加餐,次数和数量都不宜多。

3. 让宝宝"傻吃"只会让宝宝"吃傻"

如果宝宝长期饮食过量,就可能造成大脑中负责食欲和消化吸收的那部分神经特别发达,间接地使智能中枢受到抑制而变得迟钝。长此以往,必然会使宝宝的智力发育受到不良影响。

4. 吃夜宵抑制宝宝的生长发育

一是晚上吃夜宵不利于宝宝的睡眠。夜间给宝宝吃东西,会导致宝宝的深度睡眠不够,有可能出现消化功能紊乱，睡得不踏实。

二是宝宝晚上吃夜宵不利于长个儿。宝宝吃了夜宵上床睡觉时，血糖水平很快上升，促进生长激素释放抑制因子，从而抑制生长激素的分泌。

> **温馨提示**
>
> 晚餐首先应当适度，特别忌讳过量和油腻。其次是建议多吃些蔬菜，一方面补充维生素、矿物质，还可以增加饱腹感。

03 膳食的平衡搭配

满周岁以后,宝宝的智力和活动力迅速发展。由于活动量的增加,体力消耗也更大,这一时期要给宝宝提供丰富的营养才能补偿其消耗,让宝宝健康成长。

❀ 平衡膳食

要注意各种食物的搭配,保证营养均衡。蛋白质有助于人体生长发育和更新修补细胞,但是蛋白质只有在与米、面等淀粉类食物一起吃的时候,才能有效地发挥其功能;否则,就只能产生热量,而且还不容易消化。所以,宝宝每次可以吃1个鸡蛋,但不要餐餐都吃,每天1个就够了,除非宝宝不吃肉,可以多吃1个作为替代补充,而且最好与牛奶分开,更换食用,或者与淀粉类食物一起食用。

另外,鱼、肉也是营养价值很高的食物,可每周吃4~5次,吃的时候最好和青菜一起食用。

❀ 增加食物种类

食物种类越多,越能全面满足宝宝对各种营养的需求。幼儿时期，宝宝每日每千克体重应得到3.0～3.5克蛋白质，3.0～3.5克脂肪，12～15克碳水化合物。

午饭应供给宝宝热量最多的食物，约占全日热量的35%～40%；早、晚两餐各约占全日热量的25%～30%；加餐约占全日热量的10%～15%。

在制订食谱时，妈妈应当重视食物的质量，使各种营养成分合理搭配。

❀ 给宝宝选择有机食品

1. 原料无任何污染，仅来自于有机农业生产体系，或采用有机方式采集的野生天然产品。

2. 在整个生产过程中严格遵守有机食品的加工、包装、储存、运输等各项标准和要求。

3. 其整个生产和流通环节，都有完善的跟踪审查体系和完整的生产、销售记录。

4. 通过独立的有机产品认证机构审查并颁发证书。

> **温馨提示**
>
> 节日食品应注意荤素搭配，切勿多吃荤腥油腻之物。

摄取膳食纤维

食物中的营养素,除了蛋白质、脂肪、碳水化合物、矿物质、维生素和水外,还包括一定量的膳食纤维。

❀ 膳食纤维对人体的具体作用

1. **促进肠道畅通,防止便秘**

膳食纤维虽不能被人体小肠消化吸收,但在大肠中细菌的作用下可发生一定程度的发酵,从而稳定肠道微生态环境,增加粪便排泄量,促进肠道畅通,保持大便通畅,防止小儿便秘。

2. **有助于排出毒素,增强抗病能力**

由于膳食纤维具有良好的吸水性和膨胀性,可以增加粪便容积,促进肠道蠕动,有利于粪便排出;而人体内的重金属、有害代谢物也会和大便一起排出体外,所以,膳食纤维也可以缩短毒素在肠道内的停留时间。这样,膳食纤维就可以减轻宝宝的血液负担,增强宝宝抵御环境污染和抗病的能力。

3. 有利于智力发展

由于膳食纤维能够减轻宝宝的血液负担,也就同时提高了脑供氧量,对宝宝智力的发育很有好处。

4. 预防肥胖

膳食纤维还可以减缓食物消化吸收的速度,使人产生饱腹感,限制糖和脂肪的吸收,有利于控制体重,对小儿单纯性肥胖症具有一定的预防和控制作用。

❀ 宝宝每天需摄取多少膳食纤维

目前我国还没有关于儿童每日膳食纤维摄入的推荐量。参考美国健康基金会推荐的膳食纤维摄入量,即2岁及2岁以上的宝宝,每日膳食纤维摄入量可按"(年龄+5)克"来推算。我国营养专家建议,可按"〔年龄+(5~10)〕克"来推算儿童每日膳食纤维的摄入量。

> **温馨提示**
>
> 孩子便秘可以吃韭菜,因为韭菜中含有大量的β-胡萝卜素和维生素C,膳食纤维的含量也特别高,可以润肠、通便。

05 应对宝宝伤食有方法

伤食是小儿常见的一种消化功能性疾病。由于小儿饮食不知自节，过食肥甘厚味或生冷瓜果，致使脾胃受损，运化功能失调，造成食停胃脘、蓄积不化、气滞不行，导致本病。

❀ 宝宝伤食期间要注意4点

宝宝伤食后，妈妈可以适当地喂点清淡的食物，让宝宝多喝水，千万不要再给宝宝吃高脂肪、高热量的食物，因为这类食物会让宝宝的病情加重。同时，宝宝伤食期间还要注意以下几点：

1. 少吃或吃易消化的食物。
2. 饮食要有规律，按时、按量。
3. 少吃冷食和难消化的食物。
4. 注意饮食卫生。

❀ 选用宝宝伤食的中成药

小儿伤食，中医临床常分虚、实两例，都属于脾失健运所致。实者,是因伤食而致脾不运化;虚者,是因脾虚而导致停食。在治疗上,根据病情不同,应选用适当的中成药治疗:实者消食导滞为主,佐以健脾;虚者以健脾养胃为主,佐以消食导滞。

实证多因小儿贪食过饱,宿食停滞所致,表现为食欲不振、脘腹胀痛,多伴有呕吐、腹泻。吐泻物多为酸、臭食物。烦躁啼哭,夜卧不安,手心发热,舌苔厚腻,脉滑有力或指纹紫滞等症状。治疗宜消食导滞,佐以健脾,可选用健胃消食丸、清胃保安丸。

若兼有感冒，并伴有发烧、鼻塞流涕、咳嗽痰多，可服用至宝锭、小儿百寿丹、九宝丹等。

若兼有胃肠积热、大便干燥、腹胀疼痛等症状，治疗宜清热化滞，可选用一捻金、镇惊导滞散、小儿化食丸等。

若食积化热、大便秘结、身烧面赤、烦躁不安，甚至出现惊风、抽搐等症状，治疗宜清热导滞、化痰熄风，可选用七珍丹、铁娃丹、保赤散等。

虚证多因小儿脾胃虚弱、消化不良所致。表现为不思饮食、食后脘腹胀满，或乳食不化，或兼有呕吐、精神倦怠、体乏无力、面色青白或萎黄、脉象细弱，或指纹青淡等症状，治疗宜健脾养胃，佐以导滞，可选用启脾丸、小儿香桔丹等。

> **温馨提示**
>
> 小儿伤食呕吐多因饮食不节，暴饮暴食，过食肥甘生冷，或食入酸馊腐败之物等。治疗应以消食导滞、和胃降逆为主，可选用消乳丸或保和丸。若呕吐频繁，可加生姜2片；大便秘结加生大黄或一捻金冲服。必要时需去医院就诊。且所有中药最好在小儿专家的指导下选择和服用。

06 聪明宝宝营养食谱

❀ 蛋黄西兰花粥

【材料】粳米、西兰花各50克,鸡蛋1个,盐少许。

【做法】

1. 鸡蛋煮熟,取出蛋黄压碎;西兰花洗净切碎备用。

2. 粳米洗净放入沙锅,加适量清水大火烧开,小火熬至浓稠,加入碎蛋黄。

3. 放入切碎的西兰花、盐,煮滚即可。

【功效】

西兰花有清热、健脑、开胃、壮骨之功效,不仅可以给宝宝丰富的营养素供给,还能促进宝宝生长发育、增强体质、提高免疫力。

❀ 冬瓜白米粥

【材料】大米、冬瓜各100克。

【调料】盐、香油各少许。

【做法】

1. 大米淘洗干净,入锅加适

量水,煮至米粒爆开。

2. 冬瓜去皮、去瓤,洗净切成小丁。

3. 待米粒开花后,下入冬瓜丁,一同煮烂,加少许盐、香油调味即可。

【功效】

冬瓜消肿利尿,清热消暑,适合宝宝食用。

❀ 干贝鸡肉粥

【材料】大米150克,干贝25克,鸡脯肉50克,香菜少许。

【调料】香油、姜汁、葱花、盐、胡椒粉各适量。

【做法】

1. 干贝用温水泡软洗净;鸡脯肉洗净,切成小方丁;大米淘洗干净;香菜择洗干净,切成末。

2. 锅内加适量清水烧开,下入鸡丁、干贝、葱花、姜汁和胡椒粉,煮约20分钟后,加入大米,改用小火,熬煮成粥,加盐调味,淋上少许香油,撒上香菜末即可。

【功效】

富含蛋白质、脂肪、碳水化合物、维生素A、钙、钾、铁、镁、硒等营养元素,可滋阴补肾、调中下气、利五脏,适合宝宝补充营养。

❀ 丝瓜豆腐汤

【材料】丝瓜150克,豆腐400克。

【调料】植物油、黄酒、儿童酱油、香油、水淀粉、盐各适量。

【做法】

1. 丝瓜洗净后切成片;豆腐洗净后切成块。

2. 锅置火上,放油烧热,放入丝瓜片翻炒几下,倒入开水、豆腐块,加入盐、黄酒、酱油煮沸,用水淀粉勾成薄芡,淋上香油即可。

【功效】

富含蛋白质、脂肪、碳水化合物、粗纤维、维生素、钙、磷、铁以及核黄素等营养成分,可润燥生津,用于治疗宝宝口干上火等症。

❀ 莲藕汤

【材料】莲藕300克。

【做法】

1. 将莲藕洗净、去皮,切成小块。

2. 把切好的莲藕放入搅拌机中打成浆。

3. 把莲藕浆放入沙锅,加适量水,煮沸过滤即可。

【功效】

莲藕味道甘甜可口,含有大量的蛋白质和适量纤维素,易于消化,适合宝宝秋季"进补"。

❀ 鸡蓉汤

【材料】鸡胸肉50克、鸡汤或高汤250克。

【做法】

1. 鸡胸肉洗净,剁碎成鸡肉蓉。
2. 在鸡肉蓉中加适量水调匀成糊状。
3. 鸡汤煮开后,将鸡肉糊慢慢倒入锅中,边倒边用筷子迅速搅拌,再次煮开即可。

【功效】

鸡肉含有丰富的蛋白质,鸡汤营养丰富,可为宝宝提供足够的抵抗力。

❀ 青海苔拌土豆泥

【材料】土豆60克,青海苔15克,奶油、盐各少许。

【做法】

1. 土豆洗净去皮,用水浸泡

去除涩味，倒入锅中，加入盐、清水烹煮。

2. 待土豆变软后，倒掉汤汁，稍煮片刻，去除多余水分，碾成泥状放入奶油搅拌均匀。

3. 将青海苔黏在土豆泥表面即可。

【功效】

土豆能补充热能和维生素、排毒清肠，宝宝长期食用土豆，可以增强对传染性疾病的抵抗力；青海苔中的多糖，不但能保护宝宝的心肺功能，而且还能预防宝宝近视。

❀ 乌梅山楂饮

【材料】乌梅100克，山楂适量。

【调料】冰糖适量。

【做法】

1. 乌梅洗净，剖成两半；山楂洗净去核，切碎。

2. 乌梅、山楂放锅里，加适量清水，用大火烧开后转为小火，慢熬至乌梅熟烂、汤汁黏稠时，加入冰糖，待冰糖溶化后，搅拌均匀即可。

【功效】

富含微量元素，具有生津止渴、敛肺止咳等功效。

能增进宝宝食欲、帮助消化。

❀ 蛋黄豆腐

【材料】 北豆腐50克,鸡蛋1个,枸杞少许。橄榄油、矿泉水、盐各适量。

【做法】

1. 枸杞洗净,用温水泡软;豆腐整块放入水中煮3分钟;鸡蛋放入水中煮熟,去掉蛋白,蛋黄压碎。

2. 将压碎的蛋黄用橄榄油、矿泉水、盐调匀,放在豆腐块上,点缀上枸杞,吃时与豆腐搅拌均匀即可。

【功效】

蛋黄、豆腐都富含卵磷脂,是宝宝生长发育、强壮身体、提高大脑记忆力的重要营养素。

❀ 柳橙果酱

【材料】 柳橙500克,白砂糖、麦芽糖、柠檬汁各适量。

【做法】

1. 柳橙剥皮取果肉,与柠檬汁一同放入锅中,用中火煮沸。

2. 转为小火,加入麦芽糖,继续熬煮,并不停地用勺子搅拌均匀。

3. 待麦芽糖完全溶化时加入白砂糖,煮至酱汁浓稠即可。

【功效】

富含多种维生素,而且味道香甜,适合宝宝食用。

第八章

2~3岁宝宝喂养

2~3岁时,宝宝已经可以熟练地咀嚼食物,消化系统也日趋完善,加上生长发育较快,营养需求也大大增加。这时,宝宝一日三餐的习惯虽已形成,但由于宝宝的活动量非常大,所以仍需在三餐之间吃些加餐。

2～3岁宝宝生长发育状况

智力发育	☆ 会引述过去发生的事
	☆ 对各种各样的事情有兴趣
	☆ 求知欲强
	☆ 认识6种以上几何图形，切分圆形二分之一或四分之一
	☆ 会玩简单的拼图
运动能力发育	☆ 会骑车
	☆ 能单脚跳
	☆ 会跨越障碍，能跑很快
	☆ 精细动作也有所发展
语言能力发育	☆ 掌握了母语口语的表达
	☆ 会猜谜，背儿歌，会介绍自己及父母
情感发育	☆ 喜欢帮忙，开始会为他人着想
	☆ 会日常礼貌用语
	☆ 变得慷慨，喜欢和小朋友分享自己的东西
习惯发育	☆ 吃饭前会摆餐桌
	☆ 会自己穿衣服
	☆ 能够分清左右
	☆ 会自己洗简单的东西

培养宝宝良好的进食习惯

饮食习惯的好坏直接关系到宝宝的身心健康。婴幼儿胃肠的消化能力弱,再加上成长期的婴幼儿需要从饮食中得到更丰富的营养,以至于饮食稍有不慎,就容易导致胃肠功能紊乱、消化不良和营养缺乏症等。因此,爸爸妈妈尤其要注意从小培养宝宝养成良好的饮食习惯。

❀ 按时吃饭

爸爸妈妈要培养宝宝按时吃饭的习惯,用行动告诉宝宝,每天吃饭都是有固定时间的,家中的每一个人都要遵守吃饭时间,如果不遵守吃饭时间只顾着玩,就会饿肚子。平常还可以让宝宝多动动,到外面玩玩,宝宝就会饿得快些,到吃饭时自然也就好好吃了。

❀ 正餐前不要吃零食

正餐是宝宝补充营养的最佳时间,如果正餐前吃零食、喝饮料,势必会影响宝宝正餐的进食量,导致宝宝不吃正餐,或者正餐吃的很少,久而久之,就会打乱宝宝进餐的习惯,影响营养的吸收。

❊ 不吃汤泡饭

有些宝宝喜欢把汤和饭混在一起吃,觉得这样吃才有味道。其实这是相当不正确的吃法,因为汤和饭一起吃,米粒不好嚼烂,和汤混在一起咽进去,不利于食物的消化和吸收。所以,家长不要给宝宝吃汤泡饭。

❊ 吃饭时不要说笑打闹

进餐时一定要专心,不要和宝宝说笑、打闹、玩耍,若宝宝吃饭时精力不集中,一不小心食物就可能误入气管,轻者引起咳嗽,重者可能引起呼吸道炎症,堵塞气管,甚至有发生窒息的危险。

❊ 不吃太烫的食物

太烫的汤、饭,会使宝宝的口腔、食道和胃的黏膜发生烫伤,细菌趁机侵袭,易引起消化道炎症。这种情况时间长了,还可能引起食道和胃的癌变。但只为图凉和省事用水泡饭吃也不好,这样食物会不经牙齿咀嚼就吞入胃内。吃饭时喝水太多,会冲淡胃液,降低胃液的杀菌能力，影响食物消化，还可引起慢性胃炎。

🌸 吃饭不要太快

如果宝宝吃得太快，饭菜尚未嚼烂就吞咽下去了，就会加重胃部的消化负担，而且还会因消化液未得到充分分泌而使食物消化不完全，酶的作用不能完全发挥，最终影响食物的消化，从而导致消化不良和胃肠道的各种疾病。因此，宝宝在进食时千万不要吃得太急，这对身体没有好处。

> **温馨提示**
>
> 有些家长怕宝宝营养不足，半强制或强制地让宝宝过多地摄入食物。这样，使宝宝一次性食入过多，消化不了，反而会引起营养不良。另外，强制性饮食很容易伤害宝宝的心灵。所以，当宝宝不愿吃时，家长千万不要强迫宝宝吃东西。

02 宝宝不宜多吃的食物

虽然2~3岁的宝宝在发育上比以前已经进步了很多，但对食物的消化能力和适应能力还未完全成熟，有一些食物对他们来说仍然不适宜食用，因而，家长在选择食物时要特别注意。

1. 奶糖

奶糖大都发软而且黏稠。宝宝在吃奶糖的时候，常常会在牙齿的缝隙内残留一些奶糖，时间一长，就会使乳牙组织疏松、脱钙、溶解，重者可形成龋齿。另外，奶糖吃得过多，还会使宝宝厌食，导致正餐食量减少。

2. 罐头食品

罐头食品口味好，携带方便，是人们喜爱的方便食物，但宝宝食用过多罐头食品对健康十分不利。罐头食品通常会加入人工合成色素、甜味剂、香精、防腐剂等添加剂。这些物质对成人健康影响不大，但对2~3岁的宝宝却是有害的。

另外，罐头中的食物经过加热及长时间存放，一半以上的维生素已被破坏。因此，宝宝应食用新鲜食物，尽量少吃罐头食品。

3. 全荤菜

全荤菜是指纯粹的动物性食物，包括肉类、蛋类、鱼虾贝类等。荤菜虽然含有丰富的蛋白质和脂肪，但宝宝过量食用，往往容易倒胃口。

过多的荤菜在宝宝胃里短时间内很难消化，这样食物会滞留胃中，需要一段时间才能排入十二指肠，使得胃液分泌量和消化能力降低。

4. 爆米花

3岁以内的宝宝正处于生长发育的关键时期，身体各器官还不健全，如果经常食用含铅量过高的爆米花，就会累及全身各系统和器官，尤其是神经、造血和消化系统等。

5. 桂圆

桂圆虽然是一味很好的补品，但吃后会增加内热。所以，要少给宝宝吃桂圆，尤其是本身就有"火"的宝宝。

6. 柿子

柿子是难以消化的食物，像黏性食物一样，也要少给宝宝吃，尤其是在宝宝空腹时。柿子中含有果胶和鞣酸，会和胃酸融合结块，严重时会形成胃结石。

7. 虾和蟹

虾和蟹虽然味道鲜美，但容易引起过敏，因此宝宝吃后要注意观察宝宝的反应。

8. 杏

宝宝如果吃了过多的杏,会使胃肠中的酸液大大增加,产生刺激,引起胃痛,发生腹泻,甚至可能出现消化不良等症状。

此外,大量吃杏对牙齿发育也不利,特别是对牙齿发育尚未健全的宝宝而言,若吃杏过多,易发生龋齿。

> 温馨提示
>
> 宝宝应少吃或不吃的食物:可乐、汽水等饮料,冰激凌等冷饮,炸薯条、炸鸡腿、汉堡包等快餐食品。

科学为零食分等级

许多父母把吃零食归于不良习惯,把宝宝不好好吃饭的原因都归结于零食,其实也不尽然。

适当给孩子吃零食是有益健康的。我们不妨按照绿灯食物、黄灯食物、红灯食物给零食分3个级别。

1. 绿灯食物

所谓绿灯食物就是指可经常食用的食物,属于有益于健康的零食。它们大都营养丰富,含有膳食纤维、钙、铁、锌、维生素C、维生素E、维生素A等人体必需的营养素,同时又没有多油、多糖、多盐的特点。这类食物主要是纯天然的食品,少有添加剂,主要包括:

奶类和豆制品,如豆浆、纯鲜牛奶、纯酸奶等,含钙丰富,有益于骨骼和牙齿生长。

新鲜蔬菜和各种水果,如香蕉、番茄、黄瓜、梨、桃、苹果、柑橘、西瓜、葡萄等。此类食物含丰富的维生素、矿物质和膳食纤维,有益宝宝生长。

坚果类,如瓜子、花生、核桃、栗子等,含丰富的微量元素,既补身体又能益脑。

另外,还有水煮蛋、全麦面包、不加糖的鲜榨橙汁、西瓜汁、芹菜汁等。这些都是适合宝宝吃的健康零食。

2. 黄灯食物

所谓黄灯食物是指可以适当食用的零食。虽然这类食物和绿灯食物一样含有丰富的营养,但由于其中含有盐、糖等一旦摄取过量将有害身体发育的成分,所以最好还是不要经常食用。

这类食物主要是一些加工食品，如苹果干、葡萄干、花生酱、巧克力、松花蛋、奶酪、奶片、蛋糕等。

3. 红灯食物

红灯食物是指限制食用的零食。这类食物低营养、高热量，而且糖、盐含量高，宝宝食用后会严重影响健康。

含糖高的食物和饮料、膨化食物、油炸食物、烧烤食物都属于此类食物，如炸鸡腿、烤串、巧克力派、方便面、罐头等。家长们一定要限制宝宝吃这些零食，否则容易导致肥胖、高血压等慢性疾病。

> **温馨提示**
>
> 只要吃得科学，零食也可以为宝宝生长发育加油。爸爸妈妈在给宝宝选购零食时，要注意考虑周全。健康零食的选择标准是：量小但营养丰富、味道好。

04 应对厌食宝宝有方法

对于小儿厌食,父母要及时给予纠正。不过,在纠正前,应先到医院做详细检查,根据厌食原因,正确而耐心地进行纠正。

1. 纠正不良的饮食习惯

如果饮食不定时,忽饥忽饱,就容易导致宝宝胃肠功能紊乱,因而要养成宝宝吃饭定时定量的习惯,以养成良好的条件反射,促进胃液分泌。并要适当地控制宝宝吃零食的量,零食不能排挤正餐,更不能代替正餐。

另外,良好的就餐环境也很重要,吃饭固定在一个地方,环境清洁干净,并伴有轻松的音乐,会有利于宝宝愉快进食。

并且,父母要尽可能地与宝宝在一起吃。吃饭时不要让宝宝看小人书或做游戏,以免分散精力,影响消化功能。

2. **不要诱食和强食**

宝宝厌食后,既不要哄骗宝宝吃饭,也不要强迫宝宝吃饭,更不能采取奖励和惩罚的办法引诱宝宝吃饭。不给宝宝吃甜食、零食，炒菜时多加点植物油，饭菜花样要多、要新鲜以增加食欲。而水果则放在两餐之间吃。

3. **科学搭配饮食**

合理搭配饮食，做到荤素、粗细、干稀搭配，饭菜做到细、软、烂。让宝宝少进食高热量的甜食及寒凉食物，适量补充微量元素锌及其他维生素。

4. **增加运动**

适当增加宝宝在户外的活动时间，增加体育锻炼，多消耗热量，以促进食物的消化和吸收。

5. **养成良好的卫生习惯**

注意培养宝宝饭前洗手、饭后漱口的良好饮食习惯。

6. **进行心理治疗**

心理治疗主要包括：顺其自然，必要时暂停进食，让宝宝因正常的饥饿感引起食欲；以变换翻新、干净新鲜的食物来诱导宝宝的食欲；想方设法让宝宝高兴，或做一些游戏，创造和睦的家庭气氛，这些都有助于宝宝厌食症的治疗。

> **温馨提示**
>
> 中医治疗可采用的配方：曲麦枳术丸。神曲、麦芽、白术各6~10克，枳实、陈皮、鸡内金各3~6克。若宝宝舌苔厚腻湿重，将上述配方中的白术换为苍术，用量仍取用6~10克。

05 儿童保健品不可滥用

儿童保健品不是想吃就能吃,吃过就有作用的。

❀ 要针对性服用

合理的膳食结构可以最大限度地保持营养的均衡。人们每日所吃的五谷杂粮、肉、蛋、奶、水果、蔬菜等,含有不同的营养成分,它们基本上能保证宝宝所需的营养。但因为保持健康的身体是一件很不容易的事,大多时候,人们并非处于营养均衡的状态,总会在某个

时期缺乏这种或那种营养物质，即人们常说的营养不良。这时最好的办法是去医院，请医生诊断具体需要补充什么营养素。

保健品具有针对性，没有一种人人都适合的保健品，因此应该有针对性地为孩子选择保健品。而孩子如果很健康，就没有必要再吃保健品了。另外，滥用保健品还会使孩子肥胖。

❀ 服用保健品时要注意2点

1. 服用保健品要适宜

选用保健品时，要选择合适的保健品，如维生素缺乏，需要选用补充维生素的保健品；胃肠功能不好，则应选用微生态制剂。

2. **不要超过每日的建议量**

无论是天然的还是合成的保健品，过量服用或累积到一定程度都会给人体带来毒副作用和代谢负担。给孩子吃任何一种保健品时，用量都不要超过每日建议的使用量。

> **温馨提示**
>
> 人参含有人参素、人参贰等成分，健康幼儿服用会适得其反，出现兴奋、烦躁、失眠等症状。若孩子确实身体虚弱，须服人参，一定要在医师的指导下服用。

06 聪明宝宝营养食谱

❀ 栗子粥

【材料】大米200克，栗子（鲜）150克，桂圆肉少许。

【调料】白糖适量。

【做法】

1. 将栗子用刀切开，加水烧开后取出，剥去外壳，把栗子肉切成丁；大米淘净。

2. 将大米和栗子丁、桂圆肉入锅，加水适量，用旺火烧开后，再以小火煮至栗子酥烂、粥汤稠浓，加入适量白糖即可。

【功效】

栗子含有丰富的维生素C和钙，可以促进宝宝牙齿和骨骼的生长发育。

❀ 羊骨粥

【材料】羊骨约1000克，粳米100克，葱白2根，生姜3片，盐少许。

【做法】

1. 取新鲜羊骨,洗净敲碎,加水煎汤,旺火煎约20分钟。

2. 取汤代水,下米煮粥,用旺火煮10分钟;待粥快好时,加入葱白、生姜、盐,稍煮即可。

【功效】

羊骨富含碳水化合物和脂肪,易于吸收。

❀ 山楂汤

【材料】山楂200克。

【调料】冰糖适量。

【做法】

1. 山楂洗净,剖成两半,去掉果核。

2. 山楂入锅,加适量清水,放入冰糖,用大火烧开后,改用小火慢炖至熟,即可。

【功效】

生津止渴、酸甜适口、消食健胃,对增强宝宝的食欲大有益处。

❀ 肉末豆腐羹

【材料】豆腐500克,肉末150克,水发木耳、水发黄花各少许。

【调料】香油、酱油、盐、水淀粉、葱末、高汤各适量。

【做法】

1. 将豆腐切成1厘米见方的小块，用开水烫一下，捞出用凉水过凉待用。

2. 水发木耳和黄花择洗干净，切成小碎丁。

3. 将高汤倒入锅内，加入肉末、黄花、木耳、豆腐块、酱油、盐，煮沸至豆腐块中间呈蜂窝状、浮于汤面时，淋上水淀粉，放入香油，撒入葱末即可。

【功效】

补肾养血，滋阴润燥，可促进宝宝身体健康发育。

❀ 南瓜肉末汤

【材料】南瓜150克，猪肉60克。

【调料】植物油、盐各少许。

【做法】

1. 南瓜去皮、去瓤，洗净后切成小片；猪肉洗净剁成末。

2. 锅内加适量油烧热，下南瓜片煸炒，炒至香味出来后，加入猪肉末同炒，八成熟时，加适量清水，加盐调味，煮开后再煮至南瓜熟烂即可。

【功效】

南瓜含有淀粉、蛋白质、胡萝卜素、B族维生素、维生素C和钙、磷等成分。能润肺益气，化痰排脓，驱虫解毒，治咳止喘，并有利尿、通便等作用，适合宝宝食用。

❀ 韭菜炒虾仁

【材料】青虾200克，韭菜150克。

【调料】植物油、盐各适量。

【做法】

1. 虾仁洗净；韭菜洗净后，切成段。

2. 锅中放入植物油，烧至六成热时，放入虾仁煸炒，加入适量盐，将熟时放入韭菜段，炒匀即可。

【功效】

韭菜与虾仁是"黄金搭档"，两者配菜能提供优质蛋白质，同时韭菜中的粗纤维可促进胃肠蠕动，保持宝宝大便通畅。

❀ 肉末白菜

【材料】猪肉末150克，白菜100克，葱头50克。

【调料】植物油40克,酱油、精盐、水淀粉、葱姜末各少许。

【做法】

1. 将白菜洗净后,用开水烫一下,切碎;葱头切成碎末待用。

2. 将油倒入锅内,烧热后下猪肉末煸炒片刻,加入葱姜末、酱油翻炒一下。

3. 加入切碎的葱头末、水,煮软后放白菜末稍煮片刻,放入精盐,水淀粉勾芡即可。

【功效】

清热除烦,通利肠胃,解渴利尿,适合宝宝食用。

❀ 三鲜蒸饺

【材料】面粉500克,猪肉400克,大海米、水发海参、木耳各50克,水发干贝20克,葱末300克。

【调料】酱油、香油、姜末、盐各少许。

【做法】

1. 将面粉倒入盆内加开水搅匀,调成面团,然后搓条,下剂子,擀成圆形片。

2. 将猪肉切成小丁,加入姜末、酱油、盐和水搅匀,再将海米、海参、干贝、木耳切碎,与猪肉馅拌在一起,最后加香油、葱末即成三鲜馅。

3. 左手托皮,右手上馅,包入馅心,捏成月牙形饺子,上笼屉,用旺火沸水蒸15~20分钟,蒸熟即可。

【功效】

海参含有硫酸软骨素,有助于宝宝生长发育、增强免疫力。

❀ 三鲜蛋卷

【材料】韭黄200克,熟肉丝、胡萝卜各50克,鸡蛋3个。

【调料】植物油、盐、香油、淀粉各少许。

【做法】

1. 韭黄洗净切成段,胡萝卜去皮切成丝,均放入开水中焯熟,捞出控水。

2. 鸡蛋打入碗中,加入盐、淀粉搅拌均匀,油锅烧热,把鸡蛋倒进去煎成蛋皮。

3. 蛋皮摊开,放上盐、香油和熟肉丝、韭黄段、胡萝卜丝,包起来,切成段,摆放到盘中即可。

【功效】

养心安神,补血,滋阴润燥,适合宝宝食用。

❀ 豆沙小酥饼

【材料】鸡蛋3个,牛奶、蜂蜜、面粉、红豆沙各适量。

【调料】糖,泡打粉。

【做法】

1. 鸡蛋放大碗里打至起泡后,分3次加糖,打至发白且完全打散后加入牛奶和蜂蜜。

2. 面粉、泡打粉混合过筛后分次筛到蛋糊中,快速拌匀,盖保鲜膜静置半小时。

3. 平底锅烧热,倒入3大匙面糊,用中小火煎到表面出现很多气泡或者看到边缘有点儿翘起,铲子可以顺利铲起饼边就好,把饼翻过来略煎一下即可。

4. 煎好的饼皮应该一面是咖啡色,一面是米黄色。饼皮放凉后取两个大小相当的,在米黄色那面抹上红豆沙,对齐盖好即成。

【功效】

红豆有较多的膳食纤维,具有良好的润肠通便作用,适合宝宝食用。

第九章

小儿成长发育及饮食搭配

婴幼儿期的宝宝正处在不断生长发育的时期，0~3岁也是宝宝大脑发育的黄金时期。那么，怎样才能养育出一个健康聪明的宝宝呢？

促进宝宝大脑发育

0~3岁是宝宝大脑发育的黄金时期。宝宝大脑的发育,除了受遗传、疾病和环境条件的影响外,一些生活因素,比如饮食等,对宝宝的智力发展也有很大影响。

❀ 大脑发育不可缺的营养素

1. 蛋白质

蛋白质是维持生命最基本的营养物质,也是脑细胞的重要组成部分之一。大脑功能的运行离不开蛋白质,如脑神经激素就是一种蛋白质分子,如果缺少它,宝宝的大脑就会发育迟缓。日常饮食中,可以选择鸡蛋、牛奶、瘦肉、豆类等食物给宝宝补充优质蛋白质。

2. B族维生素

B族维生素包括维生素B_1、维生素B_2、维生素B_6、烟酸、泛酸、B_{12}等,有助于蛋白质代谢,对大脑的作用也不可小视。其中维生素B_1可以增强脑神经细胞功能。家长给宝宝补充B族维生素,可以给宝宝多吃些五谷杂粮。

3. 维生素C

维生素C是一种大脑发育所必需的营养物质。它的重要作用是坚固脑细胞结构，保证大脑正常、灵活接受外界刺激，提高智商。水果和蔬菜中都含有丰富的维生素C。

4. 钙

钙对人体的作用很大，尤其对脑细胞的发育作用显著。一些豆制品、奶制品、鱼类、绿叶菜中都含有丰富的钙质。

大脑的发展过程还需要外界信息的大量输入，同时需要有全面均衡的营养素做支撑，缺少任何一种营养素，大脑的发展都会受到影响。所以，家长要注意给宝宝补充大脑发育所需的各种营养素。

❀ 有利于宝宝智力发育的食物

在众多的食物当中,有一些对宝宝智力发育有较大促进作用的食物,需要父母们牢牢记住,并在日常饮食中适当为宝宝添加。

1. 母乳

它是孩子大脑发育的重要营养保证。母乳喂养的孩子的表现一般比配方奶喂养的孩子要好。而且1岁以内的宝宝吃母乳的时间越长,智商就越高。

2. 豆类

宝宝常吃豆类食物,有益于大脑发育。如黄豆中含有丰富的磷脂,是脑神经细胞间传递信息的桥梁,有利于增强宝宝的记忆力。

3. 花生及坚果类

核桃、杏仁、松子等坚果是重要的补脑食物,富含磷脂和胆固醇,有益于大脑的思维活动。其中,核桃含有较多的优质蛋白质和脂肪酸,对宝宝的脑细胞生长有益。

4. 水果和蔬菜

水果和蔬菜含有丰富的维生素,可以促进宝宝智力的发育,并有助于宝宝的生长发育。例如,菠萝含有很多维生素C和微量元素，也有助于提高宝宝的记忆力；生姜有助于激发宝宝的想象力和创造力，其所含的姜辣素和挥发油，能够促进人体内血液的循环，从而向大脑提供更多的营养物质和氧气；另外，胡萝卜和洋葱对大脑的发育也很重要。

烹调时，应尽量保证蔬菜、水果的新鲜。由于维生素C是水溶性的，应避免将蔬菜、水果长时间浸泡在水中。蔬菜应先洗后切，不舍弃菜汤，可以勾芡收汁；炒菜时急火快炒。能生吃的蔬菜可以洗净生吃。如此，方能尽可能减少蔬菜和水果的营养损失。

温馨提示

鱼肉中含有丰富的优质蛋白质、DHA和EPA，对大脑发育不可或缺。米饭或米粥也很重要，能给大脑提供足够的能量。

宝宝经典补脑食谱

❀ 牛奶蒸蛋

【材料】蛋黄1个，牛奶100毫升，虾仁1个。

【调料】核桃油少许。

【做法】

1. 取一个碗,放入蛋黄打散,加牛奶搅匀成蛋液;虾仁洗净,切碎。

2. 蛋液放入锅中,用大火蒸2分钟,即成蛋羹,撒上虾仁末,改中火再蒸5分钟左右,滴少许核桃油即可。

【功效】

富含优质蛋白、氨基酸、铁、磷以及维生素,对于促进宝宝生长发育、增强智力相当有好处。

❀ 牛奶核桃粥

【材料】大米100克,核桃仁2个,牛奶250克。

【调料】白糖少许。

【做法】

1. 将核桃仁洗净,用温水浸泡半小时。

2. 大米洗净入锅,加清水煮开,加入核桃仁熬至熟烂,倒入牛奶,开锅即可。

3. 盛入碗中,加少许白糖调味即可。

【功效】

核桃是经典的补脑食物,牛奶不但可以给宝宝补充钙剂，对大脑的发育也有很大作用。

❀ 核桃芝麻粥

【材料】核桃粉、山药粉各1茶匙，芝麻粉1大匙。

【调料】新鲜核桃仁、黑芝麻、冰糖各适量。

【做法】

1. 核桃粉、芝麻粉、山药粉放入碗内，加温开水搅拌均匀。

2. 倒入锅中，炖煮5分钟，加入冰糖煮至溶化。

3. 加入洗净的核桃仁，搅拌均匀后撒上芝麻即可食用。可先将核桃炒熟，取出待凉，再放入搅拌机打碎或用瓶子碾碎，装瓶保存。

【功效】

含有丰富的钙、蛋白质、脂肪、矿物质和维生素，可防止细胞老化、增强记忆力，有顺气补血、润肺补肾等功效，对促进宝宝大脑发育有很好的滋补作用。

❀ 日本豆腐

【材料】日本豆腐600克，香菇、水发竹笋各50克，青椒、胡萝卜、鸡蛋清各30克。

【调料】大葱、芡粉、姜、盐、白糖、鸡精、生抽、植物油各适量。

【做法】

1. 把日本豆腐切成2厘米左右的片状，青椒、香菇、水发竹笋、胡萝卜分别洗净，切成薄片。

2. 日本豆腐裹上蛋清，沾上生粉过油略炸成金黄色，捞出备用。

3. 锅内倒入少许植物油，葱姜爆香，倒入材料，略炒，放入盐、鸡精、生抽调味，最后把炸过的豆腐倒入，小心翻动，起锅时加入少量白糖即可。

【功效】

富含钙、蛋白质等，有健脑、清肠利便等功效，适合宝宝食用。

❀ 核桃鳕鱼

【材料】鳕鱼200克，核桃2个。

【调料】葱丝、姜丝、盐、甜椒丝、料酒各适量。

【做法】

1. 鳕鱼洗净；将核桃仁取出，切成碎末。

2. 鳕鱼放入盘内，上铺葱丝、姜丝、甜椒丝，再撒上核桃末，放入锅中隔水大火蒸约10分钟。

3. 把盐和料酒加在蒸好的鳕鱼上，再用大火蒸4分钟，取出即可。

【功效】

鳕鱼是深海鱼类，可以补充大脑所需的DHA和EPA，促进宝宝大脑发育。

❀ 虾仁豆腐

【材料】嫩豆腐150克，虾仁80克，鸡蛋1个。

【调料】鸡汤、精盐、白糖、植物油、葱姜末、淀粉各适量。

【做法】

1. 虾仁去壳，洗净后沥干水分；将鸡蛋打散。

2. 豆腐切成小丁，放入开水中煮3分钟后，捞起。

3. 炒锅里放入植物油，烧热后，放入葱姜末炝锅，倒入鸡汤，加入豆腐丁和适量精盐、白糖煮大约2分钟，再下虾仁煮3分钟，用淀粉勾芡，淋入鸡蛋液后烧开即可。

【功效】

富含优质蛋白质、维生素和纤维素，有补充营养的功效。

❀ 花生枣泥糕

【材料】花生米100克,南瓜子50克,红枣肉150克,黄豆粉30克,粳米粉250克,面粉适量。

【调料】植物油适量。

【做法】

1. 花生米、南瓜子碾碎。

2. 取一大碗,放入花生米、南瓜子、红枣肉、黄豆粉、粳米粉拌匀,捣成泥状。

3. 调入些面粉,加适量植物油与水拌匀,揉成团,擀成大厚皮,分别切成方块,做成花生枣泥糕剂子。

4. 将剂子放入蒸锅中蒸熟即可食用。

【功效】

可补脾益气、养血明目、健脑益智,适合宝宝食用。

增强宝宝免疫力

❀ 提升宝宝免疫力的8种方法

以下8种方法,是帮助孩子提升免疫力的法宝。

1. 计划免疫

人体在与疾病作战后可获得免疫力,如得过麻疹就不会再得。免疫接种就是要在无免疫力的孩子体内发动一场"实战演练",使免疫系统获得能够战胜疾病的本领。

2. 均衡营养

人体的所有生理活动,都需要营养供给,尤其蛋白质是免疫器官建设和抗体生产不可缺少的材料。肉、蛋、奶类等优质蛋白及大豆制品,能帮助孩子全面吸收必需的氨基酸。维生素在抗体和免疫因子生成中起重要作用,因此孩子需要进食丰富的蔬菜、水果和杂粮。

均衡膳食的原则,最重要的一点就是摄入的食物品种一定要广泛。因为自然食物中没有一种食物能够包含所有的营养成分。若孩子的日常饮食能达到营养均衡,就能保证良好的营养状态,孩子的代谢能力才会加强,抵抗力也会随之增强。

3. 积极锻炼

运动可增强孩子适应外界环境变化的能力,比如体操、骑车、捉迷藏、跳绳、滑滑梯等运动项目都能很好地锻炼孩子的心肺功能,改善其体质,提高其抗病能力。

另外,"三浴"锻炼对提高免疫力也很有价值:

(1)空气浴。户外的新鲜空气能刺激和改善大脑调节体温的机能并增进呼吸器官耐受力,减少呼吸道疾病。

(2)日光浴。日光中的红外线能提高人体抵抗力,紫外线能帮助皮肤转化维生素D,促进钙吸收并增强皮肤抵抗力(气温超过28℃时不能直晒日光)。

(3)温水浴。可加快血液循环调节体温。

4. 讲究卫生

讲究个人及公共卫生。妈妈要帮孩子从小养成讲卫生的好习惯,如勤洗浴、勤换衣、外出归来和饭前便后洗手等。

居住环境脏乱会滋生细菌、病毒,增加孩子的患病概率,因此要保持环境的清洁卫生;注意居室的通风换气,保持屋内空气清新;教育孩子遵守环境卫生,如不随地吐痰、大小便等;不让孩子在传染病流行期间去公共场所;家长或小伙伴患病时,要注意与孩子的隔离;季节变化之际及时为孩子增减衣服,使孩子懂得顺应气候变化。

5. 补充水分

水分可促进食物消化和吸收,维持人体内的正常循环和排泄,调节体温,是增强人体免疫力的重要因素。孩子体内水分充沛,新陈代谢就会旺盛,免疫力自然也会提高。

6. 睡眠充足

睡眠与人体免疫力密切相关。医学研究表明,睡眠时人体会产生一种名为胞壁酸的睡眠因子,能促使白细胞增多、巨噬细胞活跃、肝脏解毒功能增强,从而将侵入人体的细菌和病毒消灭。因而家长要帮助孩子养成早睡早起的好习惯,以保证睡眠的充足。

7. 保持快乐

美国罗马琳达大学教授李·伯克经研究证明,时常保持心情愉快的人,体内的β-啡肽和生长激素都会明显增加,而这两种激素能够缓解压力和增强人体免疫力,刺激免疫细胞的活跃发达。所以,家长要注意疏导孩子的不良情绪,使孩子保持快乐的心情。

8. 慎用药物

抗生素对免疫功能的形成有干扰作用;激素是免疫抑制剂,可直接破坏免疫功能。因而当孩子的疾病感染不是很严重时,尽量不要使用药物,以便让其自身的免疫系统得到锻炼,提高免疫力。

增强宝宝免疫力的6类食物

俗话说"食补大于药补"。再好的保健品也不如日常饮食重要。下面6种食物能明显增强免疫力。

1. 菠菜

菠菜为深绿色蔬菜,含有较多的蛋白质,富含胡萝卜素、叶酸、维生素C、维生素E等抗氧化维生素。经常适量食用菠菜,可以促进人体生长发育、增强疾病抵抗力、保护视力、减轻疲劳、滋润肌肤及治疗缺铁性贫血。

2. 大蒜

大蒜含有大蒜辣素等多种成分,虽然吃了大蒜后的"口气"令人退避三舍,但大蒜却有极佳的防治心脏疾病的功能,不仅可以降低胆固醇,还具有清洁血液、杀菌的功效。有研究人员认为,每天吃一些大蒜能增强免疫力。

3. 番茄

番茄,即西红柿,其生吃、熟吃营养价值俱佳。番茄可谓是活力食物,含有多种抗氧化强效因子,如番茄红素、胡萝卜素、维生素C与维生素E,可保护视力、保护细胞不受伤害，还能修补已经受损的细胞。

近年来的研究成果表明，番茄红素具有增强人体免疫功能的作用，比维生素E的作用还要强100倍。番茄红素属类胡萝卜素的一种，存在于很多天然水果和蔬菜中。人体自身不能产生番茄红素，但是它非常容易从饮食中获得。一小部分番茄红素来源于番石榴、西瓜等水果，另外，约有85%来自番茄及其制品（如番茄汁、番茄酱等）。

4. 香菇等菌类食物

香菇含有18种氨基酸和30余种酶，以及维生素A、维生素B、维生素D等。香菇还含有"葡萄糖苷酶"，能提高人体抑制恶性肿瘤的能力；还含有香菇丝体细胞液和香菇多糖，能使人体产生干扰素，提高人体免疫力，抵抗病毒侵袭。

其他菌类食物与香菇作用相似，长期食用能起到良好的提高免疫力的作用。

5. 豆腐

豆腐作为食药兼备的食物，具有益气、补虚等多方面的功能。一般100克豆腐含钙量为140～160毫克，豆腐又是植物食物中蛋白质含量比较高的食品，共含有8种人体必需的氨基酸，还含有动物性食物缺乏的不饱和脂肪酸、卵磷脂等。因此，常吃豆腐可以保护肝脏，促进机体代谢，增强免疫力。

6. 糙米等谷类食物

除了碳水化合物，谷类食物还含有丰富的粗纤维及B族维生素和维生素E等，是人类的主食。最开始给宝宝添加的米粉就是以谷类为主要原料制成的。谷类食物中含有抗氧化剂，能增强人体免疫力，加强免疫细胞功能。

> **温馨提示**
>
> 提高宝宝免疫力的最佳时期是6个月~3岁。提高宝宝的免疫力，不但要抓住最佳时期，而且还需要持续，不能轻易中断。

增强宝宝免疫力的食谱

❀ 蒸鱼泥

【材料】新鲜鱼肉100克。

【做法】

1. 新鲜鱼肉洗净，放入盘中，上笼大火蒸10分钟后取出。

2. 剔去鱼刺,用勺将鱼肉碾成细泥即可。

【功效】

富含蛋白质、叶酸、维生素A、铁、钙、磷等,可养肝补血、滋补健胃、强身健体、清热解毒,利于宝宝消化吸收。

❀ 豆腐蒸蛋

【材料】豆腐50克,蛋黄1个,鸡脯肉25克。

【调料】核桃油适量。

【做法】

1. 豆腐洗净,切块,用开水焯一下,捞出沥水,碾成泥;鸡脯肉洗净,去皮,剁成细泥。

2. 蛋黄放入碗内打散,加入鸡脯肉泥,搅拌,成鸡肉蛋黄泥。

3. 取一盘子,均匀地抹上一层核桃油,放入豆腐泥,抹平,铺上肉泥,上笼用中火蒸10分钟即可。

【功效】

营养丰富,含有铁、钙、磷、镁等人体必需的多种微量元素,还含有糖类和丰富的优质蛋白,可补中益气、清热润燥、生津止渴、清洁肠胃,有利于促进宝宝的生长发育,增强免疫力。

❀ 蓝莓果昔

【材料】蓝莓200克，菠萝、橙子、草莓各30克，酸奶100克。

【调料】白糖适量。

【做法】

1. 蓝莓、草莓洗净，去蒂；菠萝去皮，洗净，切成块；橙子剥皮。

2. 上述材料一起放入搅拌机中，加入酸奶和白糖，搅拌直至成果昔，约1分钟时间，倒入高脚玻璃杯即可饮用。

【功效】

蓝莓的果胶和花青素含量很高，能增强体质，提高人体免疫力，适合宝宝食用。

❀ 水果沙拉

【材料】小番茄60克，樱桃20克，草莓15克，苹果、鸭梨、橘子各1个，荔枝2个，菠萝8块。

【调料】白糖1汤匙，碎杏仁、鲜奶油各适量。

【做法】

1. 将苹果、鸭梨洗净削皮、挖核，切成厚片；橘子一切两半；荔枝切小块；菠萝切成厚片；小番茄、樱桃、草莓洗净备用。

2. 将以上材料一起放在瓷盘内，加白糖拌匀，撒上碎杏仁，挤上鲜奶油，点缀上小番茄、草莓、樱桃即可。

【功效】

含有丰富的蛋白质、脂肪、钙质、维生素、纤维素，可强身健体。

❀ 香菇牛肉粥

【材料】粳米50克，香菇（鲜）60克，牛肉（前腿）40克，葱、姜各少许。

【调料】盐少许。

【做法】

1. 将香菇去梗洗净，水分挤干切成丝；牛肉洗净切成丝。

2. 粳米淘洗干净；葱切成末，姜切成片，备用。

3. 将香菇丝、牛肉丝、粳米共同放入锅内，加3杯水，用小火熬至肉烂米熟；加葱末、姜片、盐，再煮3分钟即可。

【功效】

菌类和肉类都是宝宝喜欢的食物,而且营养丰富,能增强宝宝身体抵抗力。

❀ 蕨菜核桃仁

【材料】蕨菜300克,核桃仁50克。

【调料】盐、味精、香油各适量。

【做法】

1. 把蕨菜择洗干净,入沸水中焯一下,捞出沥水装盘,加盐、味精、香油拌匀入味。

2. 锅内加油烧热,下核桃仁稍炸,至酥香时捞出,拌入蕨菜盘中即可。

【功效】

富含不饱和脂肪酸,可有效促进宝宝大脑发育,提高宝宝免疫力。

❀ 番茄鱼片

【材料】草鱼肉200克,豌豆30克,洋葱、番茄酱各50克。

【调料】植物油、白糖、盐、淀粉各适量。

【做法】

1. 将洋葱切成片；草鱼肉切成厚片，加入淀粉上浆，放入开水锅中氽熟，备用。

2. 锅内加适量油烧热，放洋葱片煸香，倒入豌豆，加清水焖至八成熟。

3. 加入番茄酱、白糖、盐，放入鱼片，翻炒均匀即可。

【功效】

这道菜每种食材都有助于提高宝宝免疫力，而且出锅的色泽很漂亮。

❀ 豆豉蒸排骨

【材料】排骨500克。

【调料】豆豉、蒜蓉、白糖、水淀粉、生抽各适量。

【做法】

1. 将排骨洗净，剁成块。

2. 取一个容器，放入排骨块、豆豉、蒜蓉、白糖、生抽拌匀，腌5分钟左右，再加入水淀粉搅拌。

3. 将搅拌好的排骨放进蒸笼中，蒸约1小时即可。

【功效】

排骨除含蛋白质、脂肪、维生素外，还含有大量磷酸钙、骨胶原等，可以为宝宝提供丰富的钙质，增强身体抵抗力。

❀ 蔬菜饼

【材料】高筋面粉10大匙，鸡蛋1个，韭菜、葱（切小段）、胡萝卜（切丝）各适量。

【调料】植物油2大匙，盐少许。

【做法】

1. 面粉加冷开水、蛋，用打蛋器慢慢调成面糊，面糊稠度以打蛋器可以拉起、慢慢滴下为佳。

2. 将蔬菜、盐放入面糊搅拌均匀。

3. 热锅放油，用汤勺将面糊舀入锅中，用中火将饼煎至两面呈金黄色即可。

【功效】

丰富的蔬菜能给宝宝补充维生素、矿物质和膳食纤维，其中的面粉也可以换成粗粮，有助于增强宝宝的免疫力。

强壮宝宝骨骼

强壮宝宝骨骼,除了加强日晒,多运动锻炼身体外,科学地进行食补也是一种不错的选择。

❀ 强壮骨骼的营养物质

钙是增强骨骼必需的营养素。如果缺乏钙质会造成身高不足、佝偻病、骨质疏松等疾病。

而维生素D能够提高机体对钙的吸收,促进骨骼的正常钙化,并维持骨骼正常生长。维生素D含量高的食物有:奶油、蛋、动物肝等。

充足的维生素C有利于合成胶原质,有利于骨骼生长,多在蔬菜、水果中含有。

❀ 增强宝宝骨骼的食物

1. 豆制品

豆制品含钙量也非常丰富,是高蛋白食物。在平时的膳食中,父母应给宝宝适量添加豆制品,给宝宝多补钙。

2. 海带和虾皮

海带和虾皮都是含钙丰富的海产品。海带含有人体所需的丰富的碘、铁、钙、蛋白质、脂肪、淀粉、胡萝卜素、尼克酸等。丰富的尼克酸高于大白菜、芹菜含量5倍多,是人体新陈代谢的好帮手。

而虾皮能够给宝宝提供优质蛋白,钙、磷、铁的含量也很高,对宝宝的骨骼发育等大有好处,且易于消化。

父母可以用海带炖肉,把虾皮做成汤或馅给宝宝添加。在宝宝咀嚼能力不强的时候,无法直接食用虾肉。

强壮宝宝骨骼菜谱

❀ 冬瓜排骨汤

【材料】猪排骨400克,冬瓜150克。

【调料】葱段、姜丝、盐、料酒、香油各适量。

【做法】

1. 冬瓜去皮和子,切成滚刀块;排骨洗净,剁成约4厘米长的段,入沸水中煮一下,捞出放温水中泡洗干净。

2. 锅内加水,放入排骨、葱段、姜丝,加料酒,用大火烧沸,撇去浮沫,再转中火焖烧20分钟,倒入冬瓜块,再用大火烧沸10分钟,去掉葱段、姜丝,加盐调味,淋入香油即可。

【功效】

富含蛋白质、维生素C等,可强壮宝宝骨骼。

❀ 虾皮圆白菜

【材料】圆白菜200克,虾皮20~30克。

【调料】植物油、蒜、葱、盐、鸡精各少许。

【做法】

1. 圆白菜剥成一片一片的,洗净后沥干水分;蒜切片,葱洗净切成小段。

2. 炒锅置于火上,加植物油烧热,先将虾皮稍炸一下捞起,再放入葱、蒜爆香,投入圆白菜,放入盐、鸡精,再将虾皮回锅翻炒均匀入味后即可。

【功效】

含丰富的维生素、叶酸、钙、铬,可增进宝宝食欲,促进消化,预防便秘,强壮骨骼。

❀ 豆腐软饭

【材料】熟米饭300克,北豆腐、青菜各200克。

【做法】

1. 青菜择洗干净,切成末;豆腐放入开水中煮片刻,切成末。

2. 锅内放入熟米饭,加入清水,用小火煮软。

3. 加入豆腐末、青菜末稍煮即可。

【功效】

此阶段的宝宝应慢慢学会食用成人的米饭,加入豆腐之后的米饭松软清香,而且含有丰富的蛋白质,既营养又容易消化。

❀ 紫菜海米蛋花汤

【材料】紫菜20克,海米15克,蛋黄1个。

【调料】核桃油适量。

【做法】

1. 紫菜洗净,撕碎,用冷水浸泡片刻;海米洗净,用温水浸泡至软;蛋黄放入碗内打散。

2. 锅中倒入适量清水烧沸,淋入蛋液,搅散,蛋花浮起后,加入核桃油搅匀,再放入紫菜、海米,煮熟即可。

【功效】

富含蛋白质、钙、维生素和氨基酸等,可有效促进宝宝大脑发育,强身健体。

❀ 鸡肉蘑菇毛豆汤

【材料】鸡腿150克,香菇、毛豆粒各80克,番茄1个,鲜海带50克,洋葱适量,植物油、盐各适量。

【做法】

1. 鸡腿洗净切成小块,用开水焯一下,捞出控水;

海带洗净,香菇去蒂洗净切成块。

2. 番茄洗净切半,备用。

3. 锅置火上,加两大匙植物油烧热,下入洋葱、番茄煸炒,再倒入适量清水与鸡腿块一起煮约半小时,下入其他材料、调料,煮至入味离火即可。

【功效】

这款汤高蛋白、低脂肪,味鲜易开胃,可强身健体,促进宝宝骨骼发育。

❀ 什锦猪肉菜

【材料】猪肉20克,西红柿、胡萝卜各15克,青椒10克,盐、葱末各少许。

【做法】

1. 猪肉、西红柿、胡萝卜、青椒分别洗净,切成末。

2. 锅中倒入适量清水,放入猪肉末、胡萝卜末、青椒末、葱末,中火煮至熟烂。

3. 加入西红柿末,稍煮片刻,放入盐即可。

【功效】

此菜荤素搭配,可强身健体,能有效调节宝宝的膳食平衡,使宝宝营养更全面。

❀ 云片鲜贝

【材料】鸡蛋2个，鲜干贝7粒，去骨鱼肉250克，盐少许。

【做法】

1. 鲜干贝入沸水中焯过，沥干水分；鱼肉切成小片。

2. 鸡蛋打入碗内，加少许清水和盐拌匀，倒入盘中，入蒸笼蒸约3分钟。

3. 盘子取出后，把干贝、鱼片放进去，再放入蒸笼中蒸至熟软即可。

【功效】

富含蛋白质，味道鲜美，可有效促使宝宝大脑发育，强身健体。

04 保护宝宝视力

眼睛是人的重要器官之一，宝宝的视力仍处于发育阶段，保护眼睛显得尤为重要。

❀ 有利于宝宝明目的食物

保护宝宝的眼睛，除了平时注意劳逸结合，防止宝宝用眼过度外，定时做眼保健操，经常吃些有益于眼睛的食物，对保护眼睛也能起到很大的作用。

家长必须保证宝宝能够摄取到足够的营养，以保证眼球的正常发育。例如，宝宝6个月后，在哺乳的同时适当增加辅食，使宝宝在母乳之外能够摄取到充足的营养。2岁之后的宝宝可以吃些帮助明目的食物，家长应当将这些食物制作成便于宝宝吸收与消化的饮食。家长可以多给宝宝吃以下明目的食物。

1. **含有足量维生素A的食物**

维生素A可以保护眼角膜，避免眼角膜干燥和退化。一般常见的动物肝脏（如牛肝、羊肝、猪肝、鸡肝）含有较多的维生素A。另外，鸡蛋黄、黄油、牛乳等也含有

维生素A。

2. **含有较多维生素B_2的食物**

维生素B_2有利于视网膜的代谢,主要储存在瘦肉、牛奶、鸡蛋、扁豆等食物中。

3. **含有丰富胡萝卜素的食物**

随着人体的新陈代谢,胡萝卜素可以在体内部分转换成保护眼角膜的维生素A。胡萝卜素多见于南瓜、胡萝卜、番茄、青豆中。

除了上述食物外,桑葚、菊花、枸杞等也有很好的明目作用。

宝宝明目食谱

❀ 枸杞粥

【材料】枸杞子30克,粳米60克。

【做法】

1. 枸杞子洗净;粳米淘洗干净。

2. 锅中倒入适量清水,放入粳米、枸杞子同煮,熬制成粥即可。

【功效】

补肾、养阴、明目,用于肝肾阴虚型近视眼。

❀ 羊肝粥

【材料】羊肝100克,葱子20克,粳米100克。

【做法】

1. 羊肝洗净去筋膜,切碎;葱子炒后研末。

2. 沙锅中倒入适量清水,放入羊肝、葱子煮熟,取汁备用。

3. 粳米淘洗干净,放入锅中,加水煮开后,倒入羊肝、葱子汁液，继续熬煮成粥即可。

【功效】

温补肝肾，明目，适宜肝肾气虚型近视眼。

❀ 葱白猪肝鸡蛋汤

【材料】猪肝150克，鸡蛋2个。

【调料】葱白少许，食盐适量。

【做法】

1. 猪肝洗净，切碎；鸡蛋磕入碗中打散。

2. 锅中倒入适量水，放入猪肝煮开，倒入鸡蛋液，放入葱白、食盐调味即可。

【功效】

补虚养血明目，用于肝血虚型近视眼。

❀ 凉拌鸡肝

【材料】鸡肝50克。

【调料】盐、鸡精、姜末各适量。

【做法】

1. 鸡肝洗净，去筋膜，切成片，入沸水中氽熟，取出沥水。

2. 取一盘，放入鸡肝，加入生姜末、食盐、鸡精调匀即可。

【功效】

鸡肝中维生素A含量最高,本方可养肝明目,适用于各种近视。

❀ 枸杞肉丝

【材料】枸杞100克,猪瘦肉300克,青笋(或玉兰片)10克。

【调料】油、料酒、酱油、食盐、鸡精、香油各适量。

【做法】

1. 猪瘦肉洗净,切成6厘米左右的细丝;青笋去皮洗净,切成细丝;枸杞子洗净,泡发软。

2. 锅中放入适量油烧至七成热,下入肉丝、笋丝煸炒熟,加入料酒、酱油、食盐、鸡精,放入枸杞,翻炒均匀,淋入香油即可。

【功效】

枸杞可滋补肝肾,润肺明目。猪肉富含蛋白质,通过补益身体使气血旺盛,以营养眼内各组织。

❀ 胡萝卜炒猪肝

【材料】猪肝100克,胡萝卜150克。

【调料】葱花、姜末、酱油、白砂糖、料酒、香油、盐、淀粉、植物油各适量。

【做法】

1. 猪肝洗净,切成片,放入大碗中,加葱花、姜末、酱油、白砂糖、料酒、香油、盐、淀粉,腌制10分钟左右。胡萝卜去皮洗净,切成片。

2. 炒锅中放适量植物油烧热,放入胡萝卜炒至八成熟,盛出。

3. 原锅中再加入适量油烧热,放入猪肝炒至变色,加入胡萝卜一起翻炒熟透,加盐调味装盘即可。

【功效】

胡萝卜富含胡萝卜素,人体吸收后可以部分转换成维生素A,猪肝也含维生素A,多吃对眼睛有好处,是一道适宜宝宝食用的补眼菜肴。

05 养护宝宝肠胃

很多疾病,不仅事关发病的部位,还与肠胃有关系。因此,要使宝宝健康成长,父母平时就要格外注意对宝宝胃肠道的呵护。

❀ 呵护宝宝胃肠道的4种做法

1. **做好宝宝的口腔卫生**

人在成长过程中,会接触大量的细菌。宝宝的肠胃还比较洁净,如果一下子接触这么多的细菌,就很容易受到感染。

2. **不让宝宝吃生食**

有些食物因为没有经过高温蒸煮,带有的细菌会比熟食多。尤其是动物性食物携带有大量对人体有害的细菌。

3. **给宝宝吃干净的食品**

原因仍然是宝宝洁净的肠胃抵抗不了细菌的侵袭。

另外,还要注意给宝宝吃一些有利于肠道通畅的食物,如蔬菜、水果和粗粮等。

4. 合理搭配主食和辅食

为了使宝宝吃够吃好，需要制订一个短期的食谱，一方面使主食在一定时段内变换不同的花样，不仅有米饭，包括干饭、稀饭、米糕、米糊等，而且还有面食，包括馒头、包子、面条、面包等。

另一方面，在为宝宝选择食物的时候，一定要保证食品的质量，尽量选用新鲜的肉类、蛋类与蔬菜，这样制作出来的食物味道鲜美可口，宝宝才会喜欢吃，也不会伤害宝宝稚嫩的肠胃。这样，宝宝的胃口自然就好，对吃饭的兴趣也就提高了。

养护宝宝肠胃营养食谱

❀ 豆仁粳米八宝粥

【材料】赤豆、扁豆、花生仁、薏苡仁、核桃肉、龙眼、莲子、红枣各30克,粳米500克。

【调料】白砂糖少许。

【做法】

1. 红枣洗净,去核;龙眼去皮;赤豆、扁豆、花生仁、薏苡仁、核桃肉、莲子、粳米淘洗干净。

2. 锅中倒入适量清水,放入红枣、龙眼、赤豆、扁豆、花生仁、薏苡仁、核桃肉、莲子、粳米,一同煮成粥。

3. 粥熟后,加入白砂糖食用即可。

【功效】

营养非常全面,可健脾补气、益气明目,促进宝宝肠胃蠕动,增进食欲。

❀ 芝麻核桃豆浆饮

【材料】黑芝麻100克,核桃肉200克,豆浆适量。

【调料】蜂蜜适量。

【做法】

1. 黑芝麻炒香研末，核桃肉去皮微炒捣烂，分别贮存在瓶内。

2. 每次各取一匙，冲入适量豆浆，加蜂蜜少许调服即可。

【功效】

含有丰富的钙、铁、维生素E及B族维生素等，可健脾开胃，促进宝宝食欲。

芽菜煮猪肉

【材料】半肥瘦猪肉200克，大豆芽菜250克。

【调料】盐、白砂糖、酱油、植物油、豆粉、料酒、姜末、姜汁各适量。

【做法】

1. 猪肉洗净剁碎，加盐、白砂糖、酱油、植物油、豆粉、料酒、姜汁适量拌匀，腌入味；芽菜洗干净，切小段。

2. 炒锅烧热放适量植物油，放姜末爆香，放芽菜翻炒一下，加少量水，盖上锅盖煮5分钟，盛出芽菜。

3. 原锅洗净，烧热放适量植物油，放猪肉末煸炒并打散，倒入芽菜翻炒均匀，加适量水煮5~10分钟即可。

【功效】

营养丰富,可健胃消食,促进宝宝大肠蠕动。

❀ 枸杞叶炒猪心

【材料】鲜枸杞叶50克,猪心1个。

【调料】花生油适量,食盐少许。

【做法】

1. 猪心洗净,切成片;枸杞叶洗净沥水。

2. 锅中倒入适量花生油烧热,加入猪心、枸杞叶炒熟,撒少许食盐调味即可食用。

【功效】

可促进宝宝肠胃蠕动,且含有丰富的蛋白质、铁、锌等。

❀ 菌菇韭菜鸡蛋羹

【材料】各种菌菇适量,韭菜1棵,蛋黄1个,盐少许。

【做法】

1. 菌菇洗净,加适量水煲成汤,晾凉;韭菜择洗干净,切成细末。

2. 取一个碗,放入蛋黄打散,加少许盐搅拌均匀,加入适量菌菇汤汁,撒上韭菜末,上锅蒸熟即可。

【功效】

此菜含有丰富的铁、钙、磷、钠、钾等微量元素,能利肝脏、益肠胃、益智、预防癌症。还含有丰富的赖氨酸和精氨酸,对宝宝生长大有裨益。

❀ 奶汁煮干丝

【材料】鲜汤500克,白豆腐干200克,牛奶100克,豌豆苗30克。

【调料】盐、植物油、姜末各少许。

【做法】

1. 白豆腐干放入开水中焯烫片刻,除去腥味,捞出。

2. 白豆腐干切成丝,再用开水焯烫片刻,捞出沥水;豌豆苗洗净,切碎备用。

3. 油锅放入少许植物油烧热,放入姜末煸香,倒入鲜汤、白豆腐干丝、牛奶,待水煮沸后加入盐,稍煮片刻。

4. 盛入碗内,撒上豌豆苗即可。

【功效】

豆腐中的蛋白为优质蛋白质,易于吸收。豆腐中还含有人体所需的8种氨基酸。豌豆苗性质平和,能调理内气、排毒利尿，保护肠胃，可以说是宝宝的极品营养汤。

❀ 香椿芽拌豆腐

【**材料**】北豆腐100克，香椿芽30克。

【**调料**】盐、香油少许。

【**做法**】

1. 香椿芽洗净，浸泡入沸水中，盖上盖子焖约5分钟，取出，切成末。

2. 豆腐洗净切成丁，放入沸水中稍煮片刻，捞出。

3. 取一个大碗，放入豆腐丁、香椿芽，加少许盐、香油搅拌均匀即可。

【**功效**】

豆腐含有丰富的蛋白质和维生素E，香椿芽能清热利湿、治疗各种肠道疾病，特别是能驱除宝宝体内的蛔虫，使之自然排出，可以说是难得的食疗佳品。

❀ 肉菜卷

【**材料**】瘦猪肉150克，胡萝卜1根，白菜100克，面粉、黄豆粉适量。

【**调料**】植物油、葱姜末、细盐、酱油各适量。

【做法】

1. 将面粉与黄豆粉按10∶1的比例掺合，加入面粉及适量水，和成面团发酵。

2. 将瘦猪肉、胡萝卜、白菜切成碎末，加入适量植物油、葱姜末、细盐、酱油搅拌成馅。

3. 发酵好的面团加入碱水揉匀，擀面片，抹入备好的肉菜馅，从一边卷起，码入屉内蒸30分钟即成，吃时切成小段。

【功效】

营养丰富，能促进宝宝食欲，养肝护胃。

❀ 青菜烫饭

【材料】米饭250克，油菜150克，鸡胸肉100克。

【调料】虾皮、盐各适量。

【做法】

1. 油菜洗净切成小碎丁，鸡胸肉切成丁。

2. 将米饭倒入锅中，加水（没过米饭），用大火烧开，然后将油菜丁、鸡胸肉丁、虾皮放入锅中一起炖，撒上盐、鸡精拌匀，待水少于米饭表面时即可关火出锅。

【功效】

营养均衡，易于消化吸收，且利于排便。

预防宝宝营养性贫血

贫血可降低宝宝血液的摄氧能力,使机体各器官、组织出现不同程度的缺氧,宝宝稍微运动就会出现呼吸急促、心跳加速等不适状况。还会使宝宝机体处于缺氧状态,肌肉软弱无力。

另外,患有贫血的婴幼儿抵抗力低下,对病毒及细菌的侵袭自我防御能力差,容易生病。

❀ 喂养不当导致贫血

有些父母并不知道自己的宝宝已经患上了贫血,说明他们不了解营养性贫血是怎么得的。其实,大部分贫血是因为喂养不当造成的。

1. 奶制品吃得太多

奶制品的含铁量非常少,根本无法满足婴儿每日所需。到了需要添加辅食的年龄时,每天只靠喝大量的奶而只吃少量辅食的婴儿,患上营养性贫血的可能性很大。

2. 摄入的营养不够全面

新生儿期母乳与配方奶粉中的营养足以使宝宝健康

成长。但随着月龄的增加,婴儿所需营养更多,所以要给婴儿及时添加辅食,使宝宝从辅食中摄取更多的养分。

3. **辅食添加不合理**

辅食的添加必须达到合理的标准,保证宝宝吃到足够的脂肪、蛋白质、维生素及微量元素,并且达到营养搭配平衡。

4. **缺少维生素C**

植物性食物中铁的吸收需要酸来促进,维生素C能很好地胜任这个工作,因此不光是补铁,还要同时补充维生素C。

5. **贫血与饭量无关**

如果给宝宝吃的食物营养不全面,就算吃得再多也没用,只会喂出一个贫血的"小胖子"来。

❀ 科学喂养可预防贫血

知道了喂养不当是造成婴儿营养性贫血的主要原因,我们就应该从科学喂养做起,让宝宝摆脱贫血的威胁。

1. 吃母乳的婴儿,除了继续母乳喂养之外,还应该食用一些含铁量高的辅食。

2. 保证米粉、瘦肉、动物肝脏的摄入，此类食物中含有丰富的铁元素。

3. 多吃深绿色蔬菜，补充叶酸及B族维生素。

4. 及时添加辅食。

温馨提示

现代医学把贫血分为小细胞性贫血及大细胞性贫血两种。前者也叫缺铁性贫血，多发于6个月至1岁的婴儿；后者也叫巨幼红细胞性贫血，多发生于2岁以下的小儿。

宝宝贫血调理食谱

❀ 猪肝绿豆粥

【材料】猪肝、大米各100克，绿豆50克。

【做法】

1. 绿豆洗净，入清水中浸泡3小时以上；猪肝洗净，去筋膜，切碎。

2. 大米淘洗干净，和绿豆一起放入锅里，加适量水煮开，改用中火煮至八成熟，加入猪肝拌匀，煮至熟烂即可。

【功效】

富含维生素A和微量元素铁、锌、铜，可补肝明目、养血，也有利于宝宝的智力发育和身体发育。

❀ 猪肝瘦肉粥

【材料】猪肝、猪瘦肉各25克，大米50克。

【做法】

1. 大米淘洗干净；猪肝洗净，放入淡盐水中浸泡1小时，放入开水中焯烫片刻，捞出，撕去筋膜，剁成泥；猪瘦肉洗净，放入开水中焯烫片刻，捞出，剁成肉泥。

2. 碗中放入猪肝泥、猪瘦肉泥、清水搅匀，上笼蒸熟，即成肝肉泥。

3. 锅中倒入适量水，放入大米，用小火煮至粥稠，放入肝肉泥搅匀即可。

【功效】

含有丰富的蛋白质、铁、维生素A等营养物质，对促进宝宝生长发育、治疗和预防贫血大有裨益。

❀ 四彩珍珠汤

【材料】面粉适量,菠菜50克,鸡蛋1个,紫菜少许。

【调料】植物油、葱、姜末、盐、酱油各适量。

【做法】

1. 面粉放入盆内,用干净筷子沾水拌入面粉中,边加水边拌匀面粉,使之拌成小疙瘩。

2. 猪肉剁成肉末;菠菜洗净用开水焯一下,控水切成小段。

3. 热锅入油,下肉末煸炒,放点葱、姜末及酱油,添入适量水烧开。再把小面疙瘩投入,用勺搅拌均匀,煮片刻,甩入鸡蛋液,放入菠菜、紫菜及盐,稍煮片刻即成。

【功效】

营养丰富,可健脾益胃,提高宝宝食欲,预防贫血。

❀ 葡萄干土豆泥

【材料】土豆50克,葡萄干15克。

【调料】蜂蜜少许。

【做法】

1. 土豆洗净,放入水中煮烂,去皮,做成土豆泥。

2. 葡萄干用温水泡软,碾成泥。

3. 将土豆泥、葡萄干泥和清水一起放入锅中,用小火煮成糊状,加入蜂蜜即可。

【功效】

富含矿物质、10多种氨基酸和多种维生素,可提高人体的免疫力,预防贫血,并能促进消化。

❀ 菠菜猪肝汤

【材料】猪肝200克,菠菜250克。

【调料】淀粉、香油、盐、酱油各适量。

【做法】

1. 将猪肝洗净切成薄片,用干淀粉浆渍。

2. 将菠菜洗净切成段,根部剖开。

3. 将锅放在大火上,加一大碗水;等水开后,把猪肝一片片分开下锅,加入少许酱油、盐;等锅中汤开时,再加入菠菜段(先放茎后放叶);等到再一次开时,加入适量香油即可。

【功效】

补铁补血,更补维生素A,预防宝宝夜盲症、软骨病。

❀ 番茄菠菜汤

【**材料**】番茄50克，菠菜250克，鲜柠檬2个。

【**调料**】奶油、酱油、盐、高汤各适量。

【**做法**】

1. 菠菜洗净，切成段，放入高汤中煮5分钟后捞出。

2. 番茄切成块，柠檬取汁。

3. 高汤倒入净锅中，加入奶油、酱油、盐、鲜柠檬汁、番茄块、菠菜段，煮开即可。

【**功效**】

富含维生素和铁等微量元素，可健胃消食、清热去火、润肠通便。

❀ 鸭血豆腐白菜汤

【**材料**】豆腐1/4块，鸭血1小块，小白菜适量。

【**调料**】油适量。

【**做法**】

1. 小白菜洗净后用沸水焯过，切碎。

2. 鸭血、豆腐切成小块。

3. 沙锅内放适量清水,鸭血、豆腐放入同煮。

4. 鸭血、豆腐快熟时放入小白菜,出锅前滴入适量香油即可。

【功效】

豆腐中含有丰富的蛋白质;鸭血中含铁量很高;小白菜中含有的钙可以促进宝宝骨骼的发育;维生素A、B族维生素、维生素C、泛酸等可以促进宝宝神经系统的发育。

❀ 肉末胡萝卜汤

【材料】新鲜瘦猪肉30克,胡萝卜30克。

【做法】

1. 瘦猪肉洗净剁成细末,并蒸熟。

2. 胡萝卜洗净,切成小块,放入锅中煮烂,捞出压成糊,再放回原汤中煮沸。

3. 将蒸熟的猪肉末放入胡萝卜汤中拌匀即可。

【功效】

可提供给宝宝丰富的蛋白质、胡萝卜素、维生素C等,有效预防宝宝贫血。

❀ 鸡蛋菠菜汤

【材料】菠菜20克,鸡蛋黄一个,胡萝卜5克。

【做法】

1. 菠菜洗净后放入沸水中焯一下,然后放在凉水中浸泡5分钟,以去除菠菜的苦涩味道。

2. 将泡好的菠菜切成小段;胡萝卜去皮切成细丝;鸡蛋只取鸡蛋黄,兑1大匙清水打散。

3. 锅中倒入适量水,沸腾后放入菠菜段、胡萝卜丝,煮5~6分钟。

4. 待胡萝卜丝软烂后,将蛋液倒入,凝固后关火。

【功效】

富含叶酸、B族维生素、蛋白质、卵磷脂、膳食纤维,有助于宝宝发育。

第十章

小儿常见疾病及饮食调理

宝宝健康是所有父母的心愿,但有时疾病总是不期而至。这时,父母就要仔细观察宝宝的日常状态,观察疾病的变化过程,做好宝宝生病期间的家庭护理……只有这样,宝宝才能尽快恢复健康。

01 感冒

宝宝感冒是由病毒或细菌等引起的鼻、鼻咽、咽部的急性炎症,以发热、咳嗽、流涕为主要症状。其突出症状是发热,而且常为高热,甚至出现抽风的现象。如果症状不易消失或者反复发作,说明宝宝的免疫功能略差、营养不良,或者吸入了烟尘、粉尘、虫螨等。

❀ 预防宝宝感冒的6个要点

避免婴幼儿感冒重要的是日常预防。

1. 可以在每年10月份注射流感疫苗。
2. 流行性感冒高峰期尽量不要带幼儿出入人多且密闭的场所。
3. 大人应先洗手再抱婴幼儿;并注意勤给婴幼儿洗手,避免病毒停留在手上。
4. 大人感冒时,应戴口罩,尽量不要接触婴幼儿。
5. 毛巾、盥洗工具与饮食器具等,大人要与婴幼儿分开使用。
6. 注意锻炼身体。

❀ 护理宝宝感冒的6个要点

宝宝感冒妈妈可能会立刻想到去医院,其实不必紧张,需不需要去医院应该视病情来定。

1. 多喝水。增加每日喝水量,宝宝不喜欢喝水的话就增加喝水的次数,多喝几次。

2. 保证睡眠充足。让宝宝休息好。感冒时身体机能下降,充足的睡眠能保证身体得到恢复。

3. 物理降温。低热时不必吃退烧药,采用物理降温

即可，如用湿毛巾冷敷额头或者贴退热贴等都可以。

4. 注意居室通风。越是感冒越要开窗透气，新鲜空气有利于康复。

5. 饮食以清淡为主。感冒了就不要再吃脂肪含量高的辅食，除了正常喝奶之外，多增加新鲜蔬菜和谷类食物。

6. 保证大便通畅。发热时出汗多，身体缺水可能导致便秘，进而加重病情，因此要给宝宝多喝水及果汁，保证大便通畅。

感冒了最好的办法就是休息，多喝水，并注意摄入足够的维生素。

宝宝如果出现下面的情况，就应立即就医：当宝宝发烧超过38.5℃，并持续超过24小时；持续低烧超过3天；出现呕吐、腹泻的症状；宝宝不停地用手抓挠耳朵；宝宝呼吸困难；虽然没有发热或只是低热，但宝宝看上去很不舒服。

❀ 宝宝感冒饮食宜忌

宝宝感冒适合吃的食物：

1. 饮食要清淡，可吃点汤面、粥之类容易消化的食物。

2. 多喝水，增加含膳食纤维丰富的食物，如草莓、葡萄、梨、苹果、白菜、西红柿等蔬菜、水果。

3. 保证饮食中蛋白质的含量，可以吃瘦肉、鸡肉、鱼肉和各种豆类食物。

宝宝感冒不适合吃的食物：

1. 严格限制脂肪含量高和糖多的食物。

2. 少吃乌梅、杨梅、青梅、橘子等酸涩食物，忌食辛燥、油腻食品。

3. 避免只吃精米和精面粉。

温馨提示

吃大蒜可防流感并发症。大蒜可算是抵抗流感的食物中的杀菌先锋，可以防止流感并发症——肺炎。大蒜粥对成人、儿童（6个月以上）都适用。

宝宝感冒食疗菜谱

❀ 姜葱热粥

【材料】大米100克，嫩姜、葱白各适量。

【调料】米醋少许。

【做法】

1. 大米淘洗干净,入清水中浸泡1小时左右;嫩姜切成片,葱白切成小段。

2. 大米放入锅里,加清水,放入姜片煮开,再放葱段,一同熬煮成粥。

3. 起锅时淋入少许米醋即可。

【功效】

葱味辛、性温,有发汗解表、散寒通阳、健胃理气的作用,可用于辅助治疗因风寒引起的感冒,发汗散寒的效果很不错。民间常用姜葱热粥来辅助治疗外感风寒轻症。

❀ 金针菇炖鸡汤

【材料】金针菇100克,鸡肉150克。

【调料】盐、胡椒粉、味精各少许。

【做法】

1. 将金针菇洗净,去掉老根部分,沥干水分备用。

2. 鸡肉洗净,切成小块,先入沸水中焯一下捞出。

3. 锅内另加清水,放入鸡块和调料炖至八成熟时下入金针菇，加盖炖至熟烂即可。

【功效】

此菜营养丰富，常吃有预防宝宝呼吸道反复感染的功效。

❀ 葱白大蒜汤

【材料】葱白500克，大蒜250克。

【做法】

1. 葱白洗净，切成小段；大蒜去皮，切碎。
2. 锅内加适量清水，烧开后把葱白、大蒜一起放进去煎煮成汤即可。

【功效】

葱可以增进食欲，还有一定的杀菌作用，可用于治疗胃肠功能紊乱、食欲不振等病症。葱白大蒜汤能发汗散寒，有助于治疗以恶寒、头痛、鼻塞流涕等症状为主的风寒感冒。

❀ 蒜泥菠菜

【材料】菠菜400克，水发银耳、蒜头各50克，葱、姜各适量。

【调料】醋、精盐、香油、味精各少许。

【做法】

1. 将菠菜去根、洗净、切成寸段；蒜头去皮、捣成蒜泥；葱、姜切成丝。

2. 把醋、香油、精盐、味精和蒜泥一同放入碗内拌匀，调成卤汁。

3. 取锅加水，放入菠菜段稍焯一下，捞出，过凉，用手挤去水分，放盘内，加银耳、葱姜丝，倒入调好的卤汁，拌匀即可。

【功效】

蒜含有大蒜素，具有杀菌作用。多食用大蒜可降低身体中的酸含量，有利于清除体内的毒素。

❀ 苦瓜炒鸡蛋

【材料】鸡蛋2个，苦瓜200克。

【调料】植物油、盐、味精各适量。

【做法】

1. 苦瓜洗净，切成小片；鸡蛋打入碗里搅匀。

2. 炒锅置火上，加油烧热，倒入鸡蛋液炒成块状，盛出待用。

3. 锅内另加油烧热，下苦瓜片煸炒，加盐、味精调味，快熟时倒入炒好的鸡蛋，一同翻炒入味即可。

【功效】

苦瓜味苦，有清热消暑、祛火解毒的功效。广东有以苦瓜切片、晒干后药用的习俗，用于治疗暑天感冒。夏天用苦瓜做配菜，只觉可口，不觉味苦。

❀ 姜汁烧鸡

【材料】鸡腿2只，老姜、嫩姜各1块。

【调料】植物油、酱油、盐、白糖、高汤各少许。

【做法】

1. 鸡腿洗净，剁成小块；老姜切成片，嫩姜磨成姜泥。

2. 锅内加适量油烧热，下老姜片爆香，下鸡块煸炒，加入酱油、盐和白糖调味，倒入少许高汤，至鸡块熟透起锅。

3. 鸡块装盘，淋上磨好的嫩姜泥即可。

【功效】

生姜常用于治疗外感风寒及胃寒呕逆等疾病，其味辛性温，长于发散风寒、化痰止咳，又能温中止呕、解毒。

❁ 洋葱炒牛肉

【材料】牛肉200克,洋葱(白皮)15克。

【调料】番茄汁15克,白糖、淀粉(豌豆)、胡椒粉、植物油各适量。

【做法】

1. 洋葱去老皮洗净,切成丝;牛肉洗净切成片。

2. 淀粉加适量水调成汁,加上番茄汁、白糖、胡椒粉调匀。

3. 炒锅放油烧热,将牛肉片放入炒一下,倒在笊篱里,滤去油。

4. 把洋葱丝、牛肉片放在锅中,将芡汁倒入,翻炒均匀即可。

【功效】

此菜富含蛋白质和维生素C,能提高宝宝机体的抗病能力,并可补中益气、滋养脾胃、强化筋骨,有效缓解感冒症状。

咳嗽

咳嗽是儿童秋冬季节最为常见的外感疾病的症状之一。宝宝咳嗽了会影响食欲。宝宝胃口差了,营养跟不上,抵抗力也会差,从而形成恶性循环。家长们一定要细心对待。

❀ 护理宝宝咳嗽的方法

如果宝宝咳嗽次数频繁,将凉雾加湿器放在宝宝房内,缓解和咳嗽有关的干燥。加湿器要放在宝宝够不着的地方。

如果没有加湿器,就将宝宝带到浴室,关上门,转开莲蓬头的热水,让宝宝待在充满蒸汽的浴室内至少10分钟。

有些咳嗽,例如和哮吼有关的咳嗽,则让宝宝在冷空气中待上10分钟左右,会有比较好的效果。

冬天,当宝宝患有和哮吼有关的咳嗽时,有些医生会建议将宝宝穿着温暖后,带到室外散一会儿步。如果宝宝穿着够温暖,而且室外并不非常寒冷,带宝宝到外面走一下也是无妨的。

除了使用加湿器以外,还可以让宝宝多摄取流质食物,以稀释分泌物,同时减少宝宝的活动量,因为活动会使咳嗽更严重。

如果咳嗽是由细菌感染所致,医生可能会开抗生素来治疗。

假如咳嗽严重而持续,就需要照X光以判断是否已感染肺炎。在极严重的病例中,宝宝可能需要住院接受治疗,同时接受静脉注射以避免脱水状况。

给宝宝洗澡时要慎重,因为洗澡会使血液循环旺盛,容易再次受凉。痰多的孩子还会因为洗澡而增加分泌物。

同时,爸爸妈妈还要根据天气的变化及时给宝宝添减衣物。

❀ 宝宝咳嗽饮食宜忌

宝宝咳嗽宜吃的食物:

1. 饮食宜清淡,多喝水。
2. 多吃梨、苹果等水果,以及藕、大白菜、白萝卜、胡萝卜、番茄等新鲜蔬菜。如果长期咳嗽不愈,可用梨加少许冰糖煮水饮用,其可润肺止咳。大白菜、白萝卜、胡萝卜、番茄等新鲜蔬菜可以补充多种维生素和有机盐，有利于身体代谢功能的恢复。但要注意不要给宝宝吃橘子，虽然橘皮有止咳化痰的功效，但是橘肉反而会生热生痰，以致病情加重，使咳嗽难愈。

宝宝咳嗽不宜吃的食物：

1. 冷、酸、辣的食物。咳嗽多是由肺部疾患引发的肺气不宣、肺气上逆所致。中医有"形寒饮冷则伤肺"的说法，也就是说，寒凉食物会伤及肺部，从而使咳嗽加重。另外，寒凉食物会伤及脾胃，造成脾功能下降，聚湿生痰。

2. 过油、过咸、过甜食物。食物太油容易阻塞呼吸道，加重哮喘，使疾病难以痊愈，且导致痰多黏稠、不易咳出。所以，在咳嗽期间，宝宝应吃一些清淡的食物。吃得太咸易诱发咳嗽或使咳嗽加重。而多吃甜食会助热，使炎症不易治愈。

3. 鱼、虾、蟹。

4. 补品。

5. 油煎炸食物。

> **温馨提示**
>
> 预防感冒咳嗽，要注意让宝宝多锻炼身体，提高孩子的免疫力，避免外感。另外，常食用梨和萝卜，对咳嗽有一定的预防之效。

宝宝咳嗽食疗菜谱

❀ 丝瓜粥

【材料】丝瓜500克,虾米15克,粳米100克。

【调料】盐,姜、葱适量。

【做法】

1. 丝瓜削皮,切成滚刀块。
2. 粳米淘洗干净,大火烧开,中火煮到五成熟。
3. 放入虾米、丝瓜同煮。
4. 煮熟即可,出锅时加点食盐调味。

【功效】

丝瓜味甘、性凉,入肝、胃经,有清暑凉血、解毒通便、祛风化痰等功效,还能用于治疗热病身热烦渴、痰喘咳嗽、肠风痔漏、崩漏带下、血淋、疔疮痈肿等病症。与虾米、粳米一起食用,可以清热和胃、化痰止咳。

❀ 冰糖雪梨盅

【材料】雪梨2个,冰糖适量。

【做法】

1. 雪梨洗净,去核切片。

2. 与冰糖同放入瓦盅内,加少量清水,炖30分钟即可食用。

【功效】

清心润肺,清热生津。适合咽干口渴、面赤唇红或燥咳痰稠者饮用。秋天气候干燥,一般儿童可作为日常饮品。

❀ 杏仁雪梨汤

【材料】南杏仁、北杏仁各10克,雪梨1个。

【调料】冰糖适量。

【做法】

1. 将南、北杏仁用水稍浸去皮;雪梨去皮和核,切成4块。

2. 炖盅内注入200克清水,放入南北杏仁、雪梨和适量冰糖,加盖隔水炖1小时,即可食用。

【功效】

杏仁有润肺、止咳、滑肠的功效,对治疗干咳无痰、肺虚久咳等病症比较有效,也可以碾成粉以水冲服。

❀ 秋梨奶羹

【材料】秋梨1个,牛奶200毫升,米粉10克,白糖适量。

【做法】

1. 秋梨去皮、去核并切成小块,加少量清水煮软,白糖调味。

2. 兑入温热牛奶、米粉中,混匀即成。

【功效】

秋天宜吃梨。煮着吃的秋梨性平和,制成奶羹对宝宝的脾胃刺激小。适合肺虚气喘、咳嗽体弱的宝宝吃。

❀ 猪肺汤

【材料】川贝10克,雪梨3个,猪肺100克。

【做法】

1. 将猪肺洗净,切成块;雪梨洗净,去核,每个连皮切4块;川贝打碎。

2. 将全部用料放入沙锅内,加适量水,大火煮沸后,再用小火煲2个小时即可。

【功效】

川贝是调理咳嗽燥热的常用材料之一,特别是对肺燥引起的咳嗽功效特别显著。加上雪梨的祛痰、润肺、补肺功效,相信食味更佳,也更增滋补功效。

❀ 蜂蜜萝卜汤

【材料】白萝卜500～1000克,蜂蜜适量。

【做法】

将白萝卜洗净后,切成条状或丁状;在铝锅内加入清水,烧开后,把白萝卜放入再烧,至煮沸后即可把白萝卜捞出,将水沥干,晾晒半日,再放入铝锅内;加入蜂蜜,以小火烧煮,边煮边调拌,调匀后晾凉即可。

【用法】

饭后嚼食30～50克。

【功效】

宽中行气,消食化痰。也适用于小儿饮食不消、腹胀。

❀ 海蜇荸荠

【材料】荸荠250克,海蜇100克。

【做法】

选择个大、肥嫩的鲜荸荠洗净后,去掉小芽及基根;把海蜇漂洗后,同荸荠一并放入小锅内,加水适量,同煮,待荸荠煮熟后,去掉海蜇,取出荸荠。

【用法】

每次温热嚼食荸荠3~5个,每日2~3次,连用2~3天。

【功效】

消积,化痰。适用于小儿积滞。

❀ 红枣莲米粥

【材料】大米适量,葶苈子、大历子、红枣、莲子各10克。

【做法】

将上述材料洗净,加适量水煎煮取汁,分2~3次饮服,并嚼食红枣、莲米。

【功效】

可清热平喘,宽中行气。

发烧

发烧是疾病的一种症状，表现为面红耳赤、额头滚烫、头晕目眩、咳嗽、全身倦怠无力、酸痛、呕吐、腹痛、嗜睡、活动力差、食欲不振、吵闹、不安、哭泣等。严重时不仅浑身疼痛，甚至导致意识模糊、手脚抽搐。

❀ 协助宝宝退热的4种方法

宝宝发烧，千万别用衣服和被子把宝宝裹得严严实实，而应给宝宝减少衣服散热，同时要让宝宝多喝水，及时补充因高热出汗使机体丧失的大量水分，并让宝宝多休息。一般来说，在家可采取4个方法帮助宝宝退热：

1. 冰枕法

宝宝高烧时可以做个冰枕给宝宝枕着，既舒服效果又好。将小冰块及少量水装入冰袋至半满，排净空气，夹紧袋口，无漏水后放置于枕部。

2. 头部冷敷法

可以用退热贴，或者按照上面的方法做一个简易小冰枕，用毛巾包上，置于宝宝前额。也可以用冷水浸湿毛巾后稍挤压至不滴水，折好放在宝宝前额，但要注意如果毛巾热了，随时用冷水浸湿后更换。

3. 酒精降温法

大家都知道，酒精蒸发时会带走大量热量，宝宝发烧时可以以此法降温。准备35%的酒精300毫升，用小毛巾蘸湿擦洗宝宝四肢和背部，降温效果很明显。

4. 温水擦拭或温水浴

用干净温湿的毛巾擦拭宝宝的头、腋下、四肢，加速散热，从而降温；也可以给宝宝洗个温水澡，水温控制在29℃～32℃之间，多擦洗皮肤，浸泡10～15分钟，可促进散热。

❦ 及时发现宝宝发烧的3种方法

人体可测量体温的地方很多,一般情况下,若口温37.5℃以上(含)、耳温37.5℃以上(含)、腋温37℃以上(含)、背温36.8℃以上(含)、肛温38℃以上(含),就属于发烧。那么,家长该如何及时发现宝宝发烧呢?

第一招,常摸摸

家长可以多摸摸宝宝的小手和颈部后面,来了解宝宝体温是否正常、衣服穿得是否合适。若衣服穿得不厚、体温明显高于平时,宝宝就有可能发烧了。

第二招,细观察

妈妈要仔细认真观察宝宝的身体情况,如果宝宝出现脸部潮红、嘴唇干热、哭闹不安,或者食欲不佳、活动力减退,以及昏睡、昏迷不醒等现象,宝宝就很可能是发烧了。

另外,因为发热时身体水分消耗较大,若宝宝小便量比平时少,且小便发黄、颜色较深,宝宝也有发烧的可能。

第三招,测一测

若怀疑宝宝发烧,最准确的方式就是利用体温计测量体温。但学龄前宝宝最好不要用口腔表测量体温，以免发生意外。

> **温馨提示**
>
> 日常预防宝宝发烧，要做到以下几点：坚持睡前用热水泡脚；每日早、晚餐后用淡盐水漱口，以清除口腔病菌；坚持给宝宝每天冷水洗脸；勤锻炼身体，多通风；多吃胡萝卜、南瓜、西红柿、洋葱、山楂、红苹果、红枣、柿子等"红色食品"。

宝宝发烧食疗菜谱

❀ 陈皮银耳雪梨汤

【材料】银耳50克，雪梨1个，陈皮适量。

【调料】冰糖适量。

【做法】

1. 银耳用清水浸泡1小时，泡发后剪去蒂部，用滚水焯一下，捞出沥干水分，再撕成小块。

2. 陈皮洗净；雪梨洗净削皮，切成小块。

3. 锅置火上，加适量清水烧开，倒入陈皮、银耳块和雪梨块,加适量冰糖,加盖用中火煮20分钟,起锅即可,冷热皆可食用。

【功效】

富含蛋白质、碳水化合物、钙、磷、铁及多种维生素和微量元素,可帮助消化、止咳化痰、滋阴润肺,对发烧很有疗效。

❀ 拍黄瓜

【材料】 黄瓜150克。

【调料】 蒜末、香油、白醋、酱油、盐、味精各适量。

【做法】

1. 黄瓜洗净,切去头尾,顺长切成两半,剖面朝案板,用刀背拍打至黄瓜脆裂,斜刀切成块。

2. 将切好的黄瓜块放入碗中,滴入白醋,加入盐拌匀后捞出控水,放在盘中。

3. 将蒜末、香油、酱油、味精调成味汁,浇在黄瓜上,拌匀即可。

【功效】

黄瓜清爽可口,有清热利水、解毒消肿、生津止渴之功效。对身热烦渴、咽喉肿痛有良好的疗效。

❀ 菇笋胡萝卜

【材料】蘑菇200克,莴笋、胡萝卜各80克。

【调料】水淀粉、高汤、植物油、盐、料酒、味精、姜末各适量。

【做法】

1. 把蘑菇切成"十"字形槽口,胡萝卜、莴笋洗净削皮,切成扁圆形。

2. 炒锅内加油,烧至八成热时加入蘑菇、胡萝卜片煸炒,再放入莴笋、姜末、盐、味精、高汤,烧开后用水淀粉勾芡即可。

【功效】

这道菜含有多种蔬菜,清爽可口,同时能补充丰富的营养。

❀ 葱香莴笋

【材料】莴笋1根,春笋、香葱各2根。

【调料】盐、白糖、鸡精、植物油各少许。

【做法】

1. 笋削去皮洗净,切滚刀块,用1小匙盐腌渍15分钟。

2. 春笋剥壳切滚刀块,用开水焯一下,焯时须加少许盐,捞出沥水。

3. 香葱择洗干净,切成葱花,放入小碗中,浇入烧热的植物油,制好葱油备用。

4. 将腌好的莴笋沥去水分,放入焯好的春笋,加入盐、白糖、鸡精,浇入葱油拌匀即可。

【功效】

富含维生素,有清热解毒、生津利水的功效。

04 支气管炎

宝宝支气管炎包括急、慢性支气管炎，以及喘息型支气管炎，大都继发于感冒之后。

❀ 宝宝支气管炎的护理要点

婴幼儿支气管炎病程一般比成人长，约持续1～3周；体弱者病程更长，且容易反复发作，特别是营养不良和佝偻病患者，这样就要求妈妈们细心护理了。宝宝得了支气管炎后的护理要点如下：

1. 避免受凉和感受潮湿，注意气候变化，特别是秋冬季节，更应注意保暖。

2. 保持室内空气流通，避免煤气尘烟、油气等刺激。注意适当休息，多喝开水，多换体位多翻身，以免发生肺炎。

3. 加强身体锻炼，增强抗病能力。

❀ 宝宝支气管炎饮食宜忌

患有支气管炎的宝宝，应当少吃油腻、干燥及不易消化的食物。发热患者应多食用容易消化,含有高热量、高蛋白质的饮食及水分含量多的食物,以补充出汗、发热时机体的消耗。对于含有丰富维生素及无机盐的蔬菜及水果等,更应当优先给予满足,以提高其抗病能力,促进宝宝早日康复。

急性支气管炎患者的饮食,应以清淡、软嫩为主,多吃蔬菜、水果,以补充机体消耗的维生素和无机盐。

在病情活动期间,应忌食油腻、辛辣、刺激性的食物。

病情好转后,可逐渐恢复正常饮食,以促进身体康复。

> **温馨提示**
>
> 预防急性支气管炎的6个要点:平时多锻炼,饮食要营养,家人不吸烟,室内常通风,换季少外出,病患不接触。另外,婴儿抵抗力差,为避免被感染,应远离其他患者。

宝宝支气管炎食疗菜谱

❀ 杏仁百合粥

【材料】糯米100克,百合、杏仁各少许。

【调料】冰糖适量。

【做法】

1. 杏仁、百合洗净备用。

2. 糯米淘洗干净,入锅加水煮开,加入百合、杏仁,用小火煮至熟烂,加冰糖调味,拌匀即可。

【功效】

杏仁可以止咳、逆下气、除风热。百合可以治疗热病烦躁不安、肺热咳嗽及久咳。

❀ 芥菜粥

【材料】芥菜头适量,粳米50克。

【做法】

芥菜头洗净切碎,粳米淘洗干净,共煮粥服。

【功效】

温化痰饮。

❀ 鸭梨粥

【材料】鸭梨3个。粳米50克。

【做法】

1. 鸭梨洗净去核切片榨汁备用。

2. 粳米淘洗干净熬粥,将熟时兑入梨汁调匀即可。

【功效】

清心润肺,止咳除烦。

❀ 山药杏仁汤

【材料】山药200克,粟米250克,杏仁500克。

【调料】麻油少许。

【做法】

1. 山药去皮煮熟捏泥;粟米炒熟研粉;杏仁去皮尖炒熟研粉。

2. 每天早上用开水冲泡粟米杏仁粉10克,兑入山药泥适量,调入麻油后服用。

【功效】

用于小儿久咳不愈或反复发作等。

❀ 萝卜甘蔗汁

【材料】白萝卜、甘蔗适量。

【做法】

1. 萝卜和甘蔗分别去皮洗净,切碎绞汁。

2. 每次取萝卜汁20毫升,甘蔗汁10毫升,用糖水适量冲服。每日数次。

【功效】

萝卜能解毒散疲;甘蔗汁能清热解毒、生津润燥。

❀ 果汁饮

【材料】甘蔗、梨、荸荠、西瓜、杏、藕、西葫芦、桃等新鲜瓜果适量。

【做法】

将甘蔗、梨、荸荠、西瓜、杏、藕、西葫芦、桃等新鲜瓜果分别洗净、去皮,绞汁混匀,频饮。

【功效】

适用于吞咽困难、壮热不去、慢性发病伴口干咽燥的急性扁桃体炎、支气管炎患儿。

❀ 白菜汤

【材料】白菜1棵。

【做法】

白菜洗净,文火煮烂取汁,加盐调服,宜热饮。

【功效】

清肺利咽解毒,可缓解支气管炎症状。

便秘

排便次数减少,粪便干燥、坚硬、排出困难。往往数天不解大便,有时大便中还夹有血丝及黏液(这是由于干燥的粪便擦伤肠黏膜所致),排便时肛门疼痛,甚至可导致外痔及直肠脱垂,并伴有腹胀及下腹部隐痛、肠鸣及排气多。多日未排便的宝宝,由于粪便中毒素的影响,往往会出现精神不振和食欲不佳、头晕、头痛、乏力等症状。

❀ 引起宝宝便秘的原因

1. 饮食不合理

如果宝宝吃得太少,大便自然就少。发现几天不排便时,先要看宝宝是不是没有吃饱。吃得过于精细也会引起便秘,比如辅食中添加蔬菜和水果太少,而食入米粉等精细食物太多,导致纤维素的摄入量不足,对肠壁的刺激作用不够就会便秘。

2. 排便不规律

身体各器官的运行都有一定的规律,胃肠系统也一

样，排便有规律就不容易便秘。要让宝宝养成定时排便的好习惯。如果该排便时因为玩或其他事情耽误了，大便堆积在肠内，水分被逐渐吸收，大便就会变得干燥不易排出。

3. 活动过少

适当的运动能使胃肠蠕动加快。每天保持一定活动量的宝宝就不容易发生便秘。

4. 宝宝生病了

宝宝生病通常会没有胃口，吃得少喝得少，然后就会发生便秘。这都属于功能性便秘，调理一段时间后就会改善。但有些宝宝出现便秘则是因为患有先天性疾病，如先天性巨结肠。此类便秘一般的调理是不能痊愈的，必须经过外科手术矫治。

5. 宝宝心理排斥

有时，某些心理因素也会让宝宝抑制排便。比如换了新的生活环境，宝宝不愿意独自待在厕所；或者前次排便时的疼痛让宝宝有了心理障碍；等等。

❀ 宝宝便秘的日常预防

在日常生活中，妈妈可以从以下6个方面帮助宝宝预防便秘。

1. 保证充足的睡眠。

2. 少量多餐，多活动。保证宝宝每日有一定的活动量。

3. 腹部按摩。对于还不能独立行走、爬行的小宝宝，父母要适当地揉揉他（她）的小肚子。

4. 多喝水，少吃零食，均衡膳食。宝宝的饮食一定要均衡，不能偏食，五谷杂粮以及各种水果、蔬菜都应该均衡摄入，小宝宝则可以吃一些果泥、菜泥，或喝些果蔬汁，以增加肠道内的纤维素，促进胃肠蠕动、通畅排便。

5. 室内温度、湿度要适宜。

6. 养成按时排便的习惯，加强排便反射形成。一般来说，宝宝3个月左右，父母就可以帮助他逐渐形成定时排便的习惯了。从3个月开始，每天早晨喂奶后，父母就可以帮助宝宝定时坐盆，同时注意室内温度以及便盆的舒适度，别让宝宝对坐盆产生厌烦或不适感。

❀ 宝宝便秘的护理要点

妈妈可以用以下3个方法帮助宝宝缓解便秘症状。

1. 给宝宝做按摩

方法如下：让宝宝仰着躺在床上，妈妈用右手掌根部按摩宝宝的腹部，按照顺时针方向边揉边推。但要注意手法不要过重，每次持续10分钟，每天做2～3次即可。

手掌向下，平放在宝宝脐部，按顺时针方向轻轻推揉。这不仅可以加快宝宝肠道蠕动进而促进排便，并且有助于消化。

2. 借助药物如开塞露、甘油栓等帮助宝宝通便

将开塞露的尖端封口剪开，管口处如有毛刺一定要修光滑，并先挤出少许药液滑润管口，以免刺伤宝宝肛门。

让宝宝侧卧，将开塞露管口插入其肛门，轻轻挤压塑料囊使药液射入肛门内，而后拔出开塞露空壳，在宝宝肛门处夹一块干净的纸巾，以免液体溢出弄脏衣服或床单。

同时嘱咐宝宝，要尽量等到不能忍受的时候再排便，以使药液充分发挥，刺激肠道蠕动、软化大便，达到最佳通便效果。

还可用甘油栓帮宝宝通便。将手洗干净，然后将圆锥形甘油栓的包装纸打开，缓缓塞入宝宝肛门，而后轻轻按压肛门，尽量多待片刻，以使甘油栓充分融化后再排便。

3. 饭后一个小时按摩宝宝穴位

足三里穴：让宝宝坐好，在他（她）膝盖外下方凹陷的部位下3寸（约三四横指）的位置就是足三里穴，连续按压该穴位1~2分钟。

支沟穴：位于手腕背部横纹上3寸处，尺、桡两骨之间，连续按压该穴位1~2分钟。

❀ 宝宝便秘饮食宜忌

宝宝便秘适合吃的食物：

1. 多吃蔬菜和水果。

2. 增加膳食纤维的摄入：多吃纤维含量高的全谷类蔬菜、水果，如芹菜、韭菜、白菜、青菜、木耳、菇类、燕麦片、海苔、海带等，这些食物都含有丰富的纤维素和矿物质，可有效防止便秘。

宝宝便秘不适合吃的食物：

1. 大葱、辣椒、胡椒、芥末、酒、咖喱等辛辣食物。

2. 炸鸡腿、炸丸子、薯条、薯片等油炸食物。

3. 荔枝、芒果、桂圆等热性水果。

4. 人参、甲鱼等补品。

5. 羊肉、狗肉等温热肉类。

6. 冷饮冰品。

7. 巧克力等零食。

8. 蛋白质或钙质过多的食物：此类食物若摄入过多，则易使大便干燥而量少，难以排出，所以应减少食用。

温馨提示

人工喂养的小婴儿如何预防便秘：在喂奶的同时补充水分，可在两餐奶之间加喂10~30毫升的温水；给宝宝吃水果泥或蔬菜泥，每天都要喝纯果汁，以增加肠道内的纤维素；活动或游戏后要及时补充水分；训练宝宝养成定时排便的好习惯。

宝宝便秘食疗菜谱

❀ 山楂水

【材料】山楂片40克,白糖少许,开水150克。

【做法】

1. 将山楂片用凉水快速洗净,放入盆内。

2. 将开水倒入盆内,盖上盖焖10分钟,至水温下降到微温时,把山楂水盛入杯中,加入白糖,搅至白糖溶解即可。

【功效】

酸甜可口。山楂中含有丰富的黄酮类化合物及大量的维生素,有消食化积、活血散瘀的功效,能调理宝宝的脾胃,减缓便秘状况。

❀ 胡萝卜甜汤

【材料】胡萝卜50克。

【调料】白糖少许。

【做法】

1. 胡萝卜洗净,切成小块,入锅加适量清水煮烂。

2. 滤去胡萝卜渣,取汁液,加少许白糖,烧开即可。

【功效】

富含膳食纤维,可促进肠蠕动,减缓便秘状况。

❀ 苹果鲜藕汁

【材料】苹果、藕、凤爪、红薯、枣、盐、冰糖、蜂蜜等。

【做法】

1. 苹果洗净,去皮、核,切块;莲藕洗净,去皮,切片;红薯去皮,洗净,切块。

2. 将藕片、苹果块、红薯块一起放入电压力锅中,倒入适量开水,煮8分钟,出锅晾凉后浇上蜂蜜即成苹果鲜藕汁。

【功效】

生津止渴,润肺除烦,健脾益胃,养心益气,润肠通便。

❀ 芝麻核桃粉

【材料】芝麻,核桃粉。

【做法】

1. 黑芝麻,核桃仁各等份,炒熟。

2. 研成细末,装于瓶内。每日1次,每次30克,加蜂蜜适量,温水调服。

【功效】

芝麻核桃粉主要有补脑益智的作用,如果宝宝容易口腔唇上长疮,大便干燥,小便较黄,晚上烦躁不安,甚至盗汗,也合适吃。

香蕉苹果泥

【材料】苹果、香蕉、凉开水。

【做法】

1. 将苹果、香蕉洗净、去皮。

2. 用刮子或匙慢慢刮成泥状,加入适量凉开水,上笼蒸20～30分钟,待稍凉后即可喂食。

【功效】

宝宝吃苹果可补充锌、矿物质等,可健脾胃,对脾虚、消化不良的宝宝较为适宜。

香蕉的钾含量很高,对心脏和肌肉功能都有益,同时香蕉可以辅助治疗便秘,对于保持宝宝消化道畅通很有好处。

另外,研究还表明,食用香蕉还有助于提高宝宝记忆力,适合在餐前食用。可将香蕉碾碎成糊状,少量喂食宝宝。

❀ 红薯粥

【材料】白米30克、红薯半个。

【做法】

1. 大米淘洗干净后加入足量的清水,煮成白米粥。

2. 红薯洗净后削去外皮切成薄片,放入蒸锅中蒸至熟透。

3. 将蒸好的红薯取出,用勺子碾压成泥状。

4. 将红薯泥放入白米粥中,搅拌均匀即可。

【功效】

红薯是富含膳食纤维的食品,并含有丰富的维生素,有助于宝宝消化,具有通便的功能。

❀ 青菜豆腐汤

【材料】豆腐100克,青菜50克,葱花适量。

【调料】盐少许。

【做法】

1. 豆腐下沸水焯过后切为1厘米见方的小丁;青菜

洗净切成丁。

2. 锅上旺火烧热,放入葱花煸炒,炒出香味后放适量水。

3. 待水沸后放入青菜丁、豆腐丁,改用小火炖15分钟,加少许盐调味即可。

【功效】

青菜含有丰富的粗纤维,可以防止宝宝便秘。豆腐是肉中之荤,能给宝宝提供丰富的营养。

腹泻

❀ 宝宝腹泻的症状

1. 轻型腹泻

病程约3~7天。

【主要症状】

大便次数增多,每次量不多。大便稀,有时有少量水,呈黄色或黄绿色,混有少量黏液,常见有钙、镁与脂肪酸化合的白色或淡黄色皂块。大便检可见少量白细胞。

【全身症状】

偶出现小量呕吐或溢乳,食欲减退。体温正常或偶有低热,面色稍苍白,体重不增或稍降。体液丢失在50毫升每千克以下,脱水症状不明显。迁延日久,营养情况越恶化,常继发泌尿道、中耳或其他部位感染。

2. 重型腹泻

【主要症状】

每日大便十数次至40次,大便量增至每次10~30毫升,甚至可达50毫升。

开始时便中水分增多,偶有黏液,有腥臭味,呈黄或黄绿色，有酸味。

病情加重和摄入食物减少时，大便臭味减轻，粪块消失而呈水样或蛋花汤样，色变浅，主要成分是肠液和少量黏液。

【全身症状】

食欲低下，常伴呕吐。多有不规则低热，重者高热。体重迅速降低，明显消瘦。

换尿布不及时者，常腐蚀臀部皮肤，表皮剥脱而发红。

❀ 引起宝宝腹泻的常见原因

腹泻分为生理性腹泻与病理性腹泻。

这两种腹泻起因不同，症状表现也不同。新手父母应该学会分辨两者之间的区别。

第一种：生理性腹泻。纯母乳喂养的婴儿在出生6个月之内，可能会出现一种特殊的腹泻，即出生后不久开始排黄绿色稀软大便，叫做生理性腹泻。这种腹泻不需要治疗，原因是有些婴儿的胃肠道对母乳中的乳糖产生了轻微的不适应。并非所有婴儿都会发生生理性腹泻。

生理性腹泻有6个明显特点：

1. 只有纯母乳喂养的婴儿才有可能发生。
2. 主要发生在出生6个月之内的婴儿身上，特别好发于新生儿身上。

3. 婴儿食欲及生长不受影响，体重增长正常。

4. 刚出生时大便次数较多，大便质地也较稀，大约出生2周后情况好转，随着月龄的增长，腹泻的状况也随之趋向正常。

5. 常在喂奶后排便，大便中带有奶瓣或一点点透明黏液。

6. 除了腹泻外，婴儿排气较多，除此之外无其他异常症状。

第二种：病理性腹泻。导致病理性腹泻的原因很多，与病毒、细菌、婴儿自身状况及外界环境等都有密切关系。

引起病理性腹泻的原因一般有以下4种：

1. 肠道内感染病毒或细菌

这是最常见的一种感染途径，并且多与喂养不当有关，如奶瓶未经严格消毒、食用已经变质的奶等。因此，人工喂养的婴儿更容易患上腹泻。

奶瓶、奶嘴等每日用沸水煮，能杀灭大部分细菌。一次没喝完的奶立刻倒掉，不能下次热热后再喂给宝宝，因为奶水中的细菌繁殖非常迅速，尤其是炎热的夏季。

2. 肠道外感染病毒或细菌

其他器官受到感染，比如中耳炎、泌尿系统感染、皮肤感染及其他急性传染病等也可引起腹泻。病毒在体内会沿循环系统传播，使消化道的功能发生紊乱而引起腹泻。

宝宝出现发热、皮肤感染等症状时，必须立即去医院；对已经有炎症的宝宝，要及时补充水分，仔细护理发炎部位，避免感染扩大。

3. 喂养不当而感染

不当喂养是造成婴儿腹泻的常见原因之一。给婴儿吃得太多，因加重消化道的负担而引起腹泻，这种情况并不少见。过量添加淀粉及脂肪，以及突然改变辅食的种类及数量，都可导致消化功能紊乱。

另外，还有些宝宝对配方奶中的乳糖耐受不好，或对食物中的某些物质过敏，也可能发生腹泻。

别因为担心宝宝长不胖而喂奶过量，如果宝宝不吃了就不要再喂；添加辅食必须遵循种类由单一到多样、质地由稀软到半硬、数量由少到多的原则，盲目添加过多过量辅食不可取；给乳糖耐受不良的宝宝更换配方奶粉时，要挑选成分中含乳糖较少的品牌；对某些食物过敏的话，就减少或暂停给宝宝吃这种食物。

4. 外界因素的刺激

气候的变化，季节的更替，都会给婴儿的生理带来影响。当这种影响使消化酶及胃酸分泌减少时，消化功能就变弱了。

在换季和气温变化较大的时期，宝宝的饮食必须清淡易消化；在气候不好的时候不要给宝宝断奶，也不要添加新的辅食，以免加重胃肠的负担；夏天晚上睡觉时给宝宝的肚子上盖一条毛巾，避免腹部受凉后拉肚子。

❀ 预防宝宝腹泻

妈妈平时用心呵护，多注意小细节就能够让宝宝避免腹泻的痛苦。

1. 注射疫苗。
2. 注意饮食卫生。
3. 避免着凉。
4. 多锻炼身体，晒太阳。
5. 尽量少带孩子去人群密集的公共场所。

❀ 护理腹泻宝宝

宝宝腹泻后，要加强护理，病儿大便后应及时进行消毒处理。每次大便后应用温水清洗肛门周围及臀部，以保持清洁和干燥。尿布宜用柔软、易吸收水分的布料,并勤换尿布,以防止"红屁股"及上行性尿路感染。

在家里护理腹泻的婴儿,你可能知道需要注意些什么,但有些要点你可能还不是很清楚。

1. 接触正在患病中的婴儿必须先洗手

很多病菌都是通过手来传播的,特别是护理腹泻的宝宝,更应该勤洗手以阻断疾病的传染途径。

2. 婴儿用具必须每日彻底消毒

奶瓶、奶嘴和小碗、勺子要经过消毒后再存放,并与成人的分开放置,避免交叉感染。

3. **勤换尿布,预防红屁股**

宝宝腹泻时最容易引发红屁股,所以应在大便后立即用温水清洗干净,用干净的软布吸干水分并涂上护臀霜。最好每天把尿布打开一段时间,让小屁股暴露在阳光下晒一晒。

4. **考虑更换配方奶粉**

如宝宝是乳糖耐受不良引起的腹泻,就必须更换配方奶粉,但不能在短期内频繁更换,否则会加重腹泻。

5. **每日记录大便情况**

观察并记下每天大便的次数、量及质地,就能掌握病情的发展趋势,看急诊时也能给医生提供最直接的依据。

6. 调整饮食，不必禁食

腹泻是胃肠功能紊乱引起的，因此，调节饮食必不可少。

喂配方奶粉的宝宝可减少奶量，适当降低奶的浓度，增加水分；已经添加辅食的宝宝则需要吃烂面条、白粥这些半流质食物。

有些父母以为腹泻时必须禁食。其实对婴儿来说，吃不吃是身体的自然反应，宝宝腹泻时有食欲就应该喂，只要不喂太多就不必担心。

7. 补充足够的液体

腹泻引起的最严重的问题就是脱水。如果同时还有呕吐症状，那就更加容易脱水。因此，宝宝腹泻时，应给宝宝增加每日饮水的次数和数量。每千克体重每天大约要补充150～200毫升的液体，你可以根据宝宝的体重来估算需要的液体数量。总的原则是：要通过饮水把经

温馨提示

婴儿生病时也容易发生腹泻，如患感冒、气管炎时容易腹泻。这时不宜多喂，而且要给宝宝吃一些易消化的食物。不要乱服药物，要遵医嘱用药，等病情好转之后腹泻也会逐渐好转。

大小便丢失的水量补回来。

8. 添加少量的盐

一些腹泻时吃的药中含有葡萄糖和适量盐分,目的是补充腹泻脱水时身体流失的水及盐。该不该吃药要按医嘱执行,但你可以在食物中添加少量的盐。

❀ 宝宝腹泻饮食宜忌

宝宝腹泻适合吃的食物:

1. 较大宝宝可先暂停饮用牛奶,改吃稀饭、米汤、藕粉、胡萝卜汤等清淡食物。宝宝腹泻后胃肠功能减弱,此时不要给宝宝吃生冷或不洁净的食物。母乳喂养儿可适当减少喂奶次数或延长喂奶间隔时间,人工喂养儿不要将奶稀释,可以改喂去乳糖奶粉或米汤;较大的患儿可改喂稀饭、藕粉等食物。同时,易消化的饮食喂养有助于患儿尽早恢复健康。

2. 喝配方奶的婴儿不要稀释配方奶,可以略减奶量或更换无乳糖配方奶。

宝宝腹泻不适合吃的食物:

1. 禁高脂膳食。脂肪不易消化,会增加消化道负担;而且脂肪本身有润肠作用,会使腹泻加重。

2. 禁辛辣刺激性食物。此类食物会刺激消化道黏膜，导致腹泻加重。

3. 禁食高纤维食物。高纤维食物会刺激消化道蠕动加快，同时增加粪便体积，使大便次数增多。

4. 忌高糖食物。纯糖类在肠内容易发酵，会刺激肠管，不提倡多用。应用米汤或米糊代替。

宝宝腹泻食疗菜谱

❀ 焦米汤

【材料】大米适量。

【调料】白糖少许。

【做法】

1. 将大米研磨成粉，放入锅中炒至焦黄。
2. 再加上适量的水和少许糖，煮沸成稀糊状即可食用。

【功效】

焦米汤易于消化，有较好的吸附、止泻作用，是婴儿腹泻的首选食品。

❀ 胡萝卜汤

【材料】胡萝卜500克。

【调料】白糖少许。

【做法】

1. 将胡萝卜洗净，搓成极细或捣至极碎。

2. 将胡萝卜碎末加入适量水煮4～5分钟，以细筛过滤后，加入开水至1000毫升，再加3～5克糖，倒入瓶中加盖消毒5分钟，即可食用。

【功效】

胡萝卜汤富含钾盐、维生素、碱性、果胶，有使大便形成吸附细菌的作用。适用于中毒性消化不良患儿。

❀ 苹果泥汤

【材料】成熟苹果500～750克。

【做法】

将苹果洗净，搓成泥，放入甜淡水中。

【功效】

苹果的食物纤维细，对肠道刺激性小，可把毒物和纤维一起排出；所含有的果胶能吸附毒素和水分；另外，其还含有鞣酸，具有收敛作用。

❀ 乌梅冰糖饮

【材料】乌梅100克。

【调料】冰糖适量。

【做法】

1. 乌梅洗净,剖成两半。

2. 乌梅放锅里,加适量清水,用大火烧开后转为小火,慢熬至乌梅熟烂、汤汁黏稠时,加入冰糖,待冰糖溶化后,搅拌均匀即可。

【功效】

乌梅可以止泻,有消毒的功能,也可防止食物在胃肠里腐化。另外,乌梅还能消除便秘,乌梅里的苹果酸可将适量的水分导引到大肠,形成粪便而排出体外。

❀ 山楂神曲粥

【材料】山楂30克,神曲15克,粳米100克。

【调料】红糖6克。

【做法】

1. 将山楂洗净,神曲捣碎,一起放入沙锅,加水煮半小时,去渣取汁备用。

2. 将粳米洗净,放入沙锅,加少量水煮沸,改小火加入山楂汁煮成粥,加入红糖即可食用。

【功效】

此粥可以治疗消化不良、腹痛、腹泻等。

07 中耳炎

❀ 中耳炎的症状

耳痛是中耳炎的主要症状。然而非常年幼的患儿，因不易确定疼痛部位，所以初期的唯一症状就是发烧和呕吐，症状和感冒很相似，如鼻塞、低热、情绪不稳定、暴躁、容易夜惊、鼻涕稠黄、有青眼圈等，严重者耳朵中有黄色的脓液流出。

其他症状有：夜间痛醒、啼哭、易怒等。

❀ 宝宝中耳炎日常预防的方法

1. 宝宝喂奶时不能平卧喂养，喂好奶后也不应立即平卧，以免奶汁逆流至鼻咽腔，再经由咽鼓管进入中耳。

2. 当宝宝患有上呼吸道感染时，应注意保持鼻腔通畅，当鼻塞严重时，偶尔可用生理盐水滴鼻。此外，还要注意上呼吸道感染时发生的反应性中耳炎也会引起耳痛，使宝宝经常去抓耳朵。这时，应当带宝宝找耳鼻喉医生看看，以排除化脓性中耳炎。睡觉时，经常给宝宝变换体位，以免分泌物在鼻咽腔积聚。

3. 要学会正确地擤鼻涕：堵住一侧鼻孔，将另一侧鼻腔内的分泌物擤出。

4. 虽然目前世界上尚无专用于中耳炎的预防针，但是研究人员发现，注射流感疫苗有助于降低感染中耳炎的危险。

预防宝宝中耳炎，必须做好宝宝的冬季防寒，积极预防感冒，以免病菌感染。

> **温馨提示**
>
> 婴幼儿患中耳炎往往和喂奶姿势不正确有关。如果让婴儿平卧喂奶，或人工喂养时喂奶过多、过急，使婴儿来不及吞咽而呛咳，都可能使乳汁逆流入鼻咽部，从咽鼓管进入中耳而导致急性中耳炎。因此，喂奶时最好抱起来喂，人工喂奶时不要太多、太急。

❀ 宝宝中耳炎饮食宜忌

宝宝中耳炎适合吃的食物：

1. 急性中耳炎，饮食宜清淡，多食清凉去火的食物，如芥菜、芹菜、荠菜等新鲜蔬菜，雪梨、苹果等水果。

2. 慢性中耳炎，可多用健脾补肾的食物，如淮山药、扁豆、薏米、党参、枸杞、杜仲、芡实、核桃、栗子、黑豆等。

3. 多吃粗粮、豆类、核桃、花生、葵花籽、芝麻等食物。

宝宝中耳炎不宜吃的食物：

1. 急性中耳炎忌食葱、蒜、虾、蟹，少食蛋类及其他刺激或难消化的食物。

2. 慢性中耳炎不能过食肥腻、寒凉生冷的食物。

宝宝中耳炎食疗菜谱

❀ 白茯苓粥

【材料】白茯苓15克，粳米50克。

【做法】

1. 白茯苓研细末，粳米淘洗干净。

2. 将白茯苓、米放入沙锅内，加水500毫升，煮成稠粥，每日2次，分早晚温热服食。

【功效】

对化脓性中耳炎有疗效,也可减缓头晕头重、倦怠乏力、纳少腹胀、面色萎黄无华等症状。

❀ 扁豆饭

【材料】白扁豆、黑大豆各50克,粳米250克。

【做法】

1. 将扁豆、黑大豆浸泡;粳米淘洗干净。

2. 将上述材料放入锅中煮至五成熟,过滤,上笼蒸熟,稍温即食。

【功效】

健脾渗湿,可辅助预防化脓性中耳炎。

❀ 银菊茶

【材料】银花10克,菊花10克,蜂蜜适量。

【做法】

1. 将银花、菊花洗净放入锅内,加入适量清水煎熬,去渣取汁。

2. 放凉后调入蜂蜜搅匀即可。

【功效】

具有清热解毒的功效,有助于化脓性中耳炎的康复。

08 肺炎

❀ 宝宝肺炎的症状

宝宝肺炎，大多是由病毒和细菌引起的；也有因吃奶时乳汁呛入气管所致。新生儿肺炎多半是因为吸入羊水所致。3岁前的孩子发病率较高，冬、春两季是多发季节。

肺炎起病较急，开始时孩子可出现发热、咳嗽、不爱吃东西等状况，随后可能出现咳嗽加重，有痰，气急，鼻翼扇动，严重的还会出现抽风和昏迷。

❀ 患肺炎宝宝的护理要点

假如宝宝出现肺炎症状，在睡觉时应使用凉雾加湿器增加空气湿度。除非医生指示，否则别使用止咳药。因为咳痰能帮助身体去除肺部的分泌物，要让宝宝多喝水，宝宝想睡时就让他（她）睡，并可用退热剂来治疗不适或发烧的情况。

若实在不放心，可咨询儿科医生。在确诊肺炎严重时，宝宝可能还要住院治疗。

❀ 宝宝肺炎的饮食宜忌

小婴儿应以母乳为主,可适当喂点水。

人工喂养的患儿,每次要少量喂食,每天多喂几次。如果病儿呛奶,可在配方奶中加一勺米粉,用小勺喂。小儿呛奶后要及时清除鼻孔内的乳汁。

年龄大一点能吃饭的患儿,可吃营养丰富、容易消化、清淡的食物,如小米粥、面片汤、挂面、豆浆、蛋羹等,并注意多吃青菜和水果,以补充维生素。在患病期间,要多给病儿喝水,如白开水、各种果汁等,以补充水分。

宝宝肺炎食疗菜谱

❀ 银耳枸杞雪梨汤

【材料】银耳50克,雪梨1个,枸杞适量。

【调料】冰糖适量。

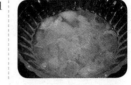

【做法】

1. 银耳用清水浸泡1小时,等泡发后,剪去蒂部,以滚水焯一下,捞出沥干水分,再撕成小块。

2. 枸杞洗净;雪梨洗净削皮,切成小块。

3. 锅置火上,加适量清水烧开,倒入枸杞、银耳块和雪梨块,加盖用中火煮20分钟,起锅即可。冷热皆可食用。

【功效】

此品具有清热、化痰、润肺之功效。

❀ 杏仁山药泥

【材料】山药500克,杏仁粉适量。

【调料】白糖少许。

【做法】

1. 山药去皮洗净,切成细条,放入沸水中焯至断生,捞出控水。

2. 锅内加300克清水,加白糖、杏仁粉熬至完全溶化,倒入盆中晾凉。

3. 山药放入调好的杏仁汁中拌匀,装盘即可。

【功效】

富含淀粉及蛋白质、B族维生素、维生素C、维生素E、葡萄糖等,具有健脾补肺、生津止渴等多种功效,对肺虚咳嗽及小便频繁等症有一定的疗效。

❀ 薏米百合粥

【材料】薏米100克,百合20克,雪梨1个。

【做法】

1. 薏米和百合淘洗后用温水浸泡20分钟;雪梨洗净,去皮、核,切成小块。

2. 放入锅中加水煮开后转小火煮至薏米开花,汤稠即成。

【功效】

含有丰富的蛋白质、维生素B_2等营养物质,补脾益肺、生津止渴,对小儿肺炎很有辅助疗效。

读者回函卡

> 感谢您购买和阅读"MBook随身读"图书,欢迎您加入我们的读者俱乐部。为了更了解您的需要和改善我们的服务,请您详细填写如下资料并寄回,我们将定期向您发送最新的图书出版资讯,您还将有机会获得我们赠送给您的新书。

姓　　名＿＿＿＿＿＿＿＿＿＿

性　　别　□ 男　□ 女

年　　龄　□ 20岁及以下　□ 21-30岁　□ 31-40岁　□ 41-50岁
　　　　　□ 50岁以上

地　　址＿＿＿＿＿＿＿＿＿＿＿＿＿＿＿＿＿＿＿＿＿＿

邮　　编＿＿＿＿＿＿＿＿＿＿

电　　话＿＿＿＿＿＿＿＿电子信箱＿＿＿＿＿＿＿＿＿＿

学　　历　□ 初中　□ 高中　□ 专科　□ 本科　□ 硕士　□ 硕士以上

职业类别　□ IT业　□ 财会/金融/保险　□ 制造/贸易
　　　　　□ 医疗/医药　□ 媒体　□ 房地产/建筑　□ 教育/培训
　　　　　□ 政府/服务　□ 销售　□ 学生　□ 其他＿＿＿＿＿＿

月 收 入　□ 2000元及以下　□ 2001-3000元　□ 3001-5000元
　　　　　□ 5001-10000元　□ 10000元以上

您从何种渠道获知本书消息?
□ 书店　□ 报刊杂志　□ 广播电视　□ 网络　□ 移动媒体　□ 其他

您购买的图书书名? ＿＿＿＿＿＿＿＿＿＿＿＿＿＿＿＿＿＿

您为何购买本书? ＿＿＿＿＿＿＿＿＿＿＿＿＿＿＿＿＿＿＿

您对哪类图书感兴趣?　□ 哲学宗教　□ 历史文化　□ 心理自助
　　　　　　　　　　　□ 生活百科　□ 经济管理　□ 个人理财
　　　　　　　　　　　□ 员工培训　□ 其他＿＿＿＿＿＿＿＿

关注最新出版信息,请登录公司网站:www.Huaxiabooks.com
您对我们有何建议,也欢迎您登录微博与我们互动:
http://t.qq.com/MBook-2011/mine

通信地址:北京市丰台区方庄芳群园三区三号楼709室(邮编:100078)

系列读本

开启便利阅读新时代
让知识与你随身同行

《婴幼儿智力开发小全书》

严格遵循0~3岁宝宝智力发育特点，
让你的宝宝在"学中玩，玩中长大"。

《婴幼儿健康护理小全书》

孩子感冒、发烧、拉肚子……
一书在手，对症速查，
疾病防治、家庭护理方法全知道！

《聪明宝宝营养与食谱小全书（0~3岁）》

科学喂养，有效促进宝宝智力发育
均衡膳食，全面支持宝宝体格发展

《坐月子宜忌速查小全书》

科学"坐月子"，产妇顺心，
宝宝开心，家人安心